KB081206

나의 문화유산답사기

·

365일

『나의 문화유산답사기 365일』을 펴내며

예기치 못한 전염병 때문에 전국적으로 여행자의 발길이 뜸해진 지 두 해에 가까워진다. 나 역시 지인들과 마실 삼아 떠난 짧은 여행길 몇 번을 제외하고 본격적인 답사 여정은 꿈도 못 꾸었다. 실로 인생에서 드물게 겪어보는 '위리안치'가 아닐 수 없다.

이제 긴 터널의 끝이 보이기 시작하고 전염병과 함께 살아가는 방법도 활발히 논의되고 있는 마당이라 정신이나마 다시 기운을 차려볼까 한다. 달리는 차 안에 비스듬히 누워 차창 밖으로 스쳐가는 풍광을 바라보며 이 생각 저 생각에 잠기는 답삿길의 소중함을 떠올리며, 『나의 문화유산답사기』 국내편에 소개된 명승지를 몇 군데 추렸다.

하지만 여기에 다시 언급한 여행지들은 『답사기』를 간추린 '다이제스트'도 아니며 어디 '플래너' 같은 곳에서 별점을 매겨가며 소개하는 필수코스를 말하는 것도 아니다. 나름 긴 시간 여기저기 국토를 찾아다니며 인연을 맺었던 '나의' 이야기다. 1월의 눈 덮인 광경을 떠올리면 보고 싶어졌던 풍경, 한가을의 단풍 소식이 들릴 때면 종종 나를 불렀던 회상의 답사처들을 넌지시 늘어놓았다.

내가 늘 말했듯이 인간은 자신이 경험한 만큼만 느끼는 법이다. 그 경험의 폭은 반드시 지적인 것에 국한되는 것이 아니라 시각적 경험, 삶의 체험 모두를 말한다. 남도의 들판을 시각적으로 경험해본 사람과 그렇지 않은 사람은 산과 들 그 자체뿐만 아니라 풍경화나 산수화를 보는 시각에서도 정서반응의 차이를 보일 수밖에 없다. 선인들은 자연과 문화를 접하며 자신의 정서를 함양하고 교감 속에서 인식의 폭을 넓히는 계기를 만드는 행위를 두고 놀 유(遊)자를 써가며 강조했다. 답사도 그런 유의 하나다.

일상과 여행이 하루 빨리 회복되어 답사의 행복을 다 함께 누리기를 바라는 마음이다.

2021년 가을

유홍준

목차

1

눈 덮인 진경산수화를 만나고

— 서울 종묘 —
— 서울 무계원 —

출처: 국가문화유산포털

일	월	화

수	목	금	토

종묘

조선 500년의 혼을 담은 경건과 사색의 공간

조선왕조 500년이 남긴 수많은 문화유산 중에서 종묘와 거기에서 행해지는 종묘제례는 유형, 무형 모두에서 왕조문화를 대표한다. 종묘는 우리나라에서 처음으로 세계 문화유산에 등재(1995)된 유형유산 중 하나이고, 종묘제례는 2001년 유네스코 세계 무형유산에 제일 먼저 등재되었다. 궁궐이 삶을 영위하는 공간이라면 종묘는 죽음의 공간이자 영혼을 위한 공간이다.

조선왕조 500년의 정신과 혼을 담은 이 신전의 건축적 구현은 전적으로 조선인의 정신과 마음 그리고 문화력에서 나왔다. 종묘는 그 외형만 보더라도 지구상에 전례를 찾을 수 없는 거룩하고 경건한 공간을 창출하고 있다. 많은 현대 건축가가 찬사를 보내듯 신을 모시는 경건함에 모든 건축적 배려가 들어가 있다. 100미터가 넘는 맞배지붕이 20개의 둥근 기둥에 의지하여 대지에 낮게 내려앉아 있다는 사실이 종묘 정전 건축미의 핵심이며, 그 단순성에서 나오는 장중한 아름다움은 곧 공경

종묘 정전 앞 월대

하는 마음인 경(敬)의 건축적 표현이다. 이 단순한 구조에 아주 간단한 치장으로 동서 양끝을 짧은 월랑으로 마감하여 하나의 건축으로서 완결성을 갖추었다.

그래서 종묘 정전 앞에 서면 누구나 경건함과 신비감을 갖게 되고 건축으로 이처럼 정밀(靜謐)의 공간을 창조했다는 것이 거의 기적에 가깝다는 찬사를 보내게 된다. 종묘야말로 조선왕조 500년이 창출한 가장 대표적인 유형 문화유산이다.

종묘는 봄여름보다 가을겨울이 더 좋다. 종묘의 단풍은 울긋불긋 요란스레 화려한 것이 아니라, 참나무·느티나무의 황갈색이 주조를 이룬 가운데 노란 은행나무와 빨간 단풍나무가 점점이 어우러져 가을날의 차분한 정취가 은은히 젖어들게 한다. 그때 종묘에 가면 아마도 인생의

종묘의 가을

황혼녘에 찾아오는 처연한 미학을 느끼게 될 것이며, 그렇게 늙을 수만 있다면 잘 산 인생이라고 말하고 싶은 그런 가을을 만끽할 수 있을 것이다. 그리고 겨울 어느 날, 눈이 내려 정전의 지붕이 하얗게 덮일 때 종묘는 거대한 수묵 진경산수화와 같은 명장면을 연출한다. 건축으로 이런 침묵의 공간을 만들어냈다는 것은 거의 기적에 가깝다고 했던, 그 정전의 지붕과 월대가 온통 눈에 덮여 흰빛을 발하고 있을 것이다. 거기에 줄지어 늘어선 검붉은 기둥들이 자아내는 침묵의 행렬에 자신도 모르게 깊은 사색의 심연으로 빨려 들어가게 된다. 그 무거운 고요함에 무언가 복받쳐오르는 감정이 일어나 울음을 터뜨릴지도 모른다. 그래서 나는 종묘 답사의 적기로는 단풍이 끝나가는 늦가을 끝자락과 눈덮인 겨울날을 꼽는다. 가을 답사는 오후 서너 시가 은은하고 겨울 답사는 오전

열 시쯤이 밝고 싱그럽게 다가온다.

그러나 매년 5월 첫째 일요일과 11월 첫째 토요일, 춘추로 열리는 종묘제례를 참관해야 종묘의 진수를 보았다고 할 수 있다. 특히 봄에 열리는 춘향대제를 보지 않았다면 종묘의 겉만 보았지 속은 보았다고 할 수 없다.

* 종묘에 대한 이야기는 『나의 문화유산답사기』 9권에서 더 자세히 만날 수 있습니다.

주소

서울특별시 종로구 종로 157

문화유산

종묘 정전(국보 제227호), 종묘 영녕전(보물 제821호), 종묘제례(국가무형문화재 제56호), 종묘 어정(서울특별시 유형문화재 제56호)

함께 가면 좋은 여행지

창덕궁, 운현궁, 창경궁, 성균관

참고 누리집

종묘 jm.cha.go.kr | 유네스코 세계유산 heritage.unesco.or.kr

무계원

이야기가 담긴 한옥 건물이 전통문화공간으로

부암동 주민센터 바로 곁에 있는 세탁소 옆 언덕길은 부암동 문화유산 답사의 핵심 지역이다. 도로명 주소가 '무계정사길'인 이 길을 따라 올라가다 보면 초입에 웅장하고 멋진 한옥이 돋보이는 전통문화공간 무계원이 나오고 이어 무계정사 터, 현진건 집 터, 반계 윤웅렬 별서로 이어진다.

무계원은 본래 종로구 익선동에 있던 유서 깊은 한옥 오진암을 옮겨 2014년 개원한 곳이다. 2010년 오진암 자리에 호텔이 들어서면서 이 유서 깊은 한옥이 헐려나가게 되자 요정으로 쓰이던 오진암이 여기 와서는 전통문화공간 무계원으로 다시 태어난 것이다.

오진암은 삼청각·대원각과 함께 서울의 3대 요정 중 하나로, 오진암이라는 이름은 마당에 큰 오동나무가 있다고 해서 붙은 것이며 1953년 서울 음식점 제1호로 등록된 한정식 요정이었지만 원래는 조선왕조의 마지막 내시로 화가이자 미술애호가였던 송은 이병직(1896~1973)이 짓

무계원

고 살던 집이었다. 1972년 이후락 중앙정보부장이 서울에 온 북한의 박성철 부수상과 7·4남북공동성명을 논의했던 곳이기도 하다.

옛날 익선동의 오진암은 대지 700평에 번듯한 한옥 건물들이 크고 작은 마당에 둘러싸여 있어 단번에는 전체 구조를 알 수 없을 정도였기에 구중궁궐은 아니어도 '소대궐'은 된다는 명성을 갖고 있었다. 오진암의 한옥들은 한번에 다 지어진 것이 아니라 100년 전에 처음 지어진 이래 50여 년을 두고 증축한 것이라고 하는데 그 자재들이 상당히 고급이어서 무계원으로 이전하면서 정비하자 더 빛을 발하고 있다.

무계원은 오진암의 건물 배치대로 복원한 것이지만 평지에 있던 건물을 경사진 부지로 옮겨야 한다는 입지조건의 차이 때문에 어쩔 수 없이 변형되기는 했다. 그러나 경사진 부지를 활용하여 진입마당·정원마

오진암의 옛 모습

당·안마당 등 마당을 셋으로 나누고 안마당이 안채·사랑채·행랑채로 둘러싸이게 한 것은 옛 오진암의 건물 배치를 그대로 따른 것이다.

안채는 홑처마 팔작지붕의 검박한 멋을 살렸고, 사랑채는 경사면을 활용하여 누(樓) 형식을 도입했으며, 사랑채는 안마당과 정원마당을 동시에 누릴 수 있게 배치했다. 그 결과 무계원은 옛 오진암보다 훨씬 공간이 트인 시원한 분위기를 갖게 되었고 뒤뜰로 나가면 멀리 북한산 보현봉이 바라다 보이는 시원한 전망도 누릴 수 있다. 무계원에 들어서면 누구나 사랑채의 넓은 툇마루에 걸터앉아 정원을 바라보며 한옥의 맛을 한껏 누려보는데, 나는 작은 모임이 자주 열린다는 안채에 정이 더 많이 간다.

무계원 위로는 개인주택이 하나 있고 그 집 위쪽 골목길 건너엔 30여 그루의 소나무가 심겨 있는 빈터가 있다. 이 솔밭 위쪽에 있는 한옥이 바로 안평대군의 무계정사 터로, 그 뒤편 바위에 '무계동(武溪洞)'이라는 글씨가 새겨져 있다.

* 무계원에 대한 이야기는 『나의 문화유산답사기』 10권에서 더 자세히 만날 수 있습니다.

주소

서울특별시 종로구 창의문로5가길 2

함께 가면 좋은 여행지

무계정사 터, 현진건 집 터, 반계 윤웅렬 별서, 석파정, 석파정 서울미술관

참고 누리집

종로문화재단 www.jfac.or.kr | 석파정 서울미술관 seoulmuseum.org

1 2 3 4
5 6 7 8
9 10 11 12

○ 1주 ○ 2주
○ 3주 ○ 4주
○ 5주

일

월

화

수

목

금

토

1 2 3 4
5 6 7 8
9 10 11 12

○ 1주 ○ 2주
○ 3주 ○ 4주
○ 5주

일

월

화

수
목
금
토

① ② ③ ④
⑤ ⑥ ⑦ ⑧
⑨ ⑩ ⑪ ⑫

○ 1주 ○ 2주
○ 3주 ○ 4주
○ 5주

일

월

화

수
목
금
토

1 2 3 4
5 6 7 8
9 10 11 12

○ 1주 ○ 2주
○ 3주 ○ 4주
○ 5주

일

월

화

수
목
금
토

1 2 3 4
5 6 7 8
9 10 11 12

○ 1주 ○ 2주
○ 3주 ○ 4주
○ 5주

일

월

화

수
목
금
토

여행지 이름 :

여행을 떠난 목적 / 목적을 이루었습니까?

여행하며 거쳐간 곳

새롭게 알게 된 사실

오늘의 수확

예상하지 못한 만남

동행했던 사람들

어쩌면 아쉬운 점

2

잎도 꽃도 없고 눈마저 없어

— 부여 무량사 —

— 해남 대흥사 —

일	월	화

수	목	금	토

무량사

넉넉함과 정겨움으로
다시 찾게 되는 연륜의 산사

무량사는 부여가 내세우는 가장 아름다운 명찰이며, 대한의 고찰이다. 이곳에 있는 보물이 무려 여섯이나 된다. 초입부터 답사객에게 고즈넉한 산사에 이르는 기분을 연출해준다. 외산면 소재지에서 무량사로 접어들면 이내 은행나무 가로수가 오릿길로 뻗어 있다. 사하촌 입구에 다다르면 길 가운데 느티나무가 가로막고 그 옆으로는 나무장승이 한쪽으로 도열하듯 늘어서 있다. 세월의 풍우 속에서 그 표정은 더욱 깊고 그윽하다.

무량사는 무엇보다 자리앉음새가 그렇게 넉넉할 수 없다. 무량사 입구에 당도해 차에서 내리는 답사객은 이렇게 넓은 산중 분지가 있나 싶어 너나없이 앞산, 뒷산, 먼산을 바라보면서 가벼운 탄성을 던진다. 사방이 산등성이로 둘러싸인 산중 분지에 자리한 열두 판 연꽃 같은 편안한 절이다. 그 분지가 사뭇 넓어 시원한 맛도 있다.

무량사가 자리잡은 만수산은 일 년 열두 달이 무량사보다 더 아름답

무량사 매월당 김시습 사리탑

다. 꽃 피는 봄철, 단풍이 불타는 가을, 눈 덮인 겨울날의 무량사야 말 안 해도 알겠지만 아직 잎도 꽃도 없고 눈마저 없어 을씨년스러운 2월에도 만수산은 수묵화 같은 깊은 맛이 있다. 나무에 봄물이 오르기 시작하면서 마른 가지 끝마다 가벼운 윤기가 돌 때면 산자락이 그렇게 부드러울 수 없다. 마치 보드라운 천으로 뒤덮인 듯한 착각조차 일어난다.

무량사는 일주문부터 색다르다. 원목을 생긴 그대로 세운 두 기둥이 아주 듬직해 보이면서 지금 우리가 검박한 절집으로 들어가고 있음을 묵언으로 말해준다. 여기에서 천왕문까지의 진입로는 기껏해야 다리 건너 저쪽 편으로 돌아가는 짧은 길이지만 그 운치와 정겨움은 어떤 정원설계사도 해내지 못할 조선 산사의 매력적인 동선을 연출한다.

무량사 사하촌 식당가

천왕문 돌계단에 다다르면 열린 공간으로 위풍도 당당하게 잘생긴 극락전 이층집이 한눈에 들어온다. 천왕문은 마치 극락전을 한 폭의 그림으로 만드는 액틀 같다. 적당한 거리에서 우리를 맞이하는 극락전의 넉넉한 자태에는 장중한 아름다움이 넘쳐흐르지만 조금도 부담스럽지 않고 오히려 미더움이 있다.

극락전은 무량사 건축의 핵심이며 이를 기준으로 해서 앞뒤 좌우로 부속건물과 축조물 그리고 나무가 위치해 있는데 그것들이 아주 조화롭다. 법당 앞엔 오층석탑, 석탑 앞에는 석등이 천왕문까지 일직선으로 반듯하게 금을 긋는데 오른쪽으로는 해묵은 느티나무 두 그루가 한쪽으로 비켜 있어 인공의 건조물들이 빚어낸 차가운 기하학적인 선을 편하게 풀어준다.

극락전 왼쪽으로는 요사채와 작은 법당이 낮게 쌓아올린 축대에 올라앉아 있고, 그 앞으로는 향나무 배롱나무 다복솔 같은 정원수가 건물이 통째로 드러나는 것을 막아준다. 그래서 극락전 앞마당은 넓고 편안하고 아늑한 공간이 된다. 무량사는 공간배치가 탁월해 아름다운 절집이 되었지만 사실 그 아름다움의 반 이상은 낱낱의 유물 자체가 명품이고 역사의 연륜이 있기 때문이다.

무량사 입구에는 여느 명찰과 마찬가지로 기념품 가게와 식당들이 있다. 그러나 찾아오는 이가 많지도 적지도 않아 성시를 이룬 것이 아니라 오붓한 사하촌 마을과 이어져 있다. 주말 낮에만 북적거릴 뿐 평일에는 한적하고 저녁나절에는 가게도 식당도 일찍 문을 닫는다. 외지 사람이 장사하는 관광식당이 아니라 동네사람이 하는 식당인지라 시골밥집의 정서도 살아있다. 그래서 만수리 사하촌은 여느 관광지와 달리 아직 향토적 서정이라는 시골 내음이 있다.

* 무량사에 대한 이야기는 『나의 문화유산답사기』 6권에서 더 자세히 만날 수 있습니다.

주소
충청남도 부여군 외산면 무량로 203

문화유산
무량사 5층석탑(보물 제185호), 무량사 석등(보물 제233호), 무량사 극락전(보물 제356호), 무량사 미륵불 괘불(보물 제1265호), 무량사 소조아미타여래삼존좌상(보물 제1565호), 무량사 삼전패(보물 제1860호), 김시습 사리탑(충청남도 유형문화재 제25호)

함께 가면 좋은 여행지
만수산, 무량사 사하촌 식당들(삼호식당 광명식당 은혜식당 등), 성주사터, 반교리 돌담마을

참고 누리집
부여군청 부여문화관광 www.buyeotour.net | 무량사 www.muryangsa.or.kr

대흥사

아는 만큼 느끼는 문화와 예술의 고찰

국토의 최남단에 우뚝 선 두륜산의 여러 봉우리에서 흘러내린 골짜기들이 한줄기로 어우러져 제법 큰 계곡을 이루어 '너부내'라는 이름을 얻은 평퍼짐한 자리에 대흥사는 자리잡고 있다. 너부내 계곡을 타고 대흥사로 들어가는 십 리 숲길은 해묵은 노목들이 하늘을 가리는 나무터널로 이어진다. 소나무·벚나무·단풍나무가 저마다의 멋으로 자라 연륜을 자랑하고 있으니 봄·여름·가을·겨울이 모두 계절의 제 빛을 놓치지 않는다.

이곳 해남 구림리의 나무숲은 가을이 장관이다. 온갖 수목이 오색으로 물들고 특히나 단풍나무의 붉은빛이 햇살에 빛날 때, 왜 단풍의 상징성을 단풍나무가 가져갔는지 알게 된다. 그러나 나는 가을보다도 겨울날의 대흥사를 더 좋아한다. 벌거벗은 나뭇가지가 보드라운 질감으로 산의 두께를 느끼게 해주고 비탈길에는 파란 산죽들이 눈 속에서 싱싱함을 보여줄 때, 그때는 왕후장상만이 인생의 주인공이 아님을 말해

대흥사 천불전에서 내다본 침계루

준다.

대흥사에는 인간이 간직할 수 있는 아름다움의 범주가 거의 무한대로 넓혀져 있다. 그 아름다움은 시각적 즐거움에서 비롯되는 자연미·예술미뿐 아니라 자못 이지적인 사색을 동반하는 문화미이기도 하다. 천불전 분합문짝의 창살무늬, 대웅보전으로 오르는 돌계단 양쪽 머릿돌의 야무지게 생긴 도깨비상 등은 "아는 만큼 느낀다"는 말이 들어맞는 정신적 가치를 담고 있다. 대흥사 응진전 앞의 삼층석탑, 두륜산 정상 바로 못미처 있는 북미륵암의 마애불과 삼층석탑은 모두 나말여초의 시대양식을 지니고 있다.

대흥사 입구 피안교를 건너 '두륜산 대흥사'라는 편액이 걸려 있는 천왕문을 지나면 길 오른쪽으로 고승의 사리탑과 비석이 즐비하게 늘

대흥사 대웅보전

어선 승탑밭이 나오는데 여기에는 서산대사 이래 13대종사와 13대강사의 납골이 모셔져 있다. 그중 한 분인 초의스님은 종교로서 불교를 넘어 학문으로서 선교(禪敎)를 연구하고 유학과 도교에까지 지식을 넓혀, 자하 신위, 추사 김정희, 위당 신관호 같은 당대의 대학자·문인들과 교류하여 유림에서도 큰 이름을 얻었다.

대흥사 여러 당우들에 걸려 있는 현판 글씨는 대단한 명품으로, 조선 후기 서예의 집약이기도 하다. '대웅보전' '천불전' '침계루'는 원교 이광사의 글씨이며, '표충사'는 정조대왕의 친필이고, '가허루'는 창암 이삼만, '무량수각'은 추사 김정희의 글씨이다. 나는 여기서 조선의 명필

들이 보여준 예술의 정수를 다시금 새겨보곤 한다.

대흥사를 답사한 다음에는 반드시 '땅끝'에 가야 한다. 대흥사에서 차로 불과 40분이면 당도할 이 국토의 '끝'에 서서 인생과 역사를 추슬러볼 기회를 갖는다는 것은 여간 뜻깊은 일이 아닐 수 없다.

* 대흥사에 대한 이야기는 『나의 문화유산답사기』 1권에서 더 자세히 만날 수 있습니다.

주소

전라남도 해남군 삼산면 대흥사길 400

문화유산

대흥사 삼층석탑(보물 제320호), 대흥사 북미륵암 마애여래좌상(국보 제308호), 대흥사 북미륵암 삼층석탑(보물 제301호), 대흥사 현판 글씨들(대웅보전 천불전 침계루 표충사 가허루 무량수각 등)

함께 가면 좋은 여행지

다산초당, 녹우당, 미황사, 해남 땅끝

참고 누리집

대흥사 www.daeheungsa.co.kr | 해남군청 해남문화관광 tour.haenam.go.kr
미황사 mihwangsa.org

1 2 3 4
5 6 7 8
9 10 11 12

○ 1주 ○ 2주
○ 3주 ○ 4주
○ 5주

일

월

화

수
목
금
토

1 2 3 4
5 6 7 8
9 10 11 12

○ 1주 ○ 2주
○ 3주 ○ 4주
○ 5주

일

월

화

수
목
금
토

1 2 3 4
5 6 7 8
9 10 11 12

○ 1주 ○ 2주
○ 3주 ○ 4주
○ 5주

일

월

화

수
목
금
토

① ② ③ ④
⑤ ⑥ ⑦ ⑧
⑨ ⑩ ⑪ ⑫

○ 1주 ○ 2주
○ 3주 ○ 4주
○ 5주

일

월

화

수
목
금
토

1 2 3 4
5 6 7 8
9 10 11 12

○ 1주 ○ 2주
○ 3주 ○ 4주
○ 5주

일

월

화

수
목
금
토

여행지 이름 :

여행을 떠난 목적 / 목적을 이루었습니까?

여행하며 거쳐간 곳

새롭게 알게 된 사실

오늘의 수확

예상하지 못한 만남

동행했던 사람들

어쩌면 아쉬운 점

3

꽃나무 만발하는 남도의 장관

— 순천 선암사 —
— 강진 무위사 —

일	월	화

수	목	금	토

선암사

꽃나무와 정겨운 돌담이 반겨주는 우리 산사의 전형

선암사는 내 마음속의 문화유산일 뿐 아니라 내가 답사를 다니기 시작한 이래 거의 거르지 않고 다녀온 남도답사의 필수처다. 우리나라 산사의 전형으로, 가고 싶은 마음이 절로 일어나고 가면 마음이 마냥 편해지는 절집이다.

해묵은 굴참나무가 여러 그루 늘어선 넓은 공터를 지나면 키 큰 측백나무를 배경으로 한 승탑밭이 나온다. 승탑밭을 지나면 장승과 산문(山門) 역할을 하는 석주 한 쌍이 길 양편에 서 있고, 여기서 산모서리를 돌아서면 아름다운 승선교가 드라마틱하게 나타난다. 승선교를 지나면 강선루가 나오고, 강선루 정자 밑을 지나면 삼인당이라는 타원형의 연못에 이른다. 여기서 야생 차나무가 성글게 자라는 산모서리를 가볍게 돌면 비로소 '조계산 선암사'라는 현판이 걸린 절문 계단 앞에 다다르게 된다.

선암사는 절집의 배치가 매우 독특하다. 크고 작은 당우들이 길 따라

선암사 조계문

옹기종기 모여 있어 마치 묵은 동네 같은 절이다. 그래서 선암사는 어느 절보다 친숙한 느낌, 편안한 기분이 드는 것이다. 실제로 선암사는 어느 한 시점의 마스터플랜에 의해 지은 절이 아니다. 그래서 건물의 규모도 일정하지 않고, 건물이 앉은 레벨도 일정하지 않아 올라가는 계단도 각기 다른 모습인데, 곳곳에 돌담을 둘러 공간을 감싸고 있기 때문에 연륜 있는 양반마을에 온 것 같은 기분이 드는 것이다.

선암사가 우리를 더욱 매료시키는 것은 경내의 다양한 꽃나무 덕분인데, 이들 나무도 일정한 질서를 갖는 정원 개념으로 심은 것이 아니라 그때마다 빈칸을 메우듯 심어 지금처럼 어우러진 것이다. 우리나라 궁궐이나 정원에서 대할 수 있는 100종 정도의 나무를 선암사에서는 거의 모두 볼 수 있다. 말하자면 선암사는 우리나라 정원수의 표본 전시

선암사 내부의 풍경

장이라고 할 만하다. 특히 3월 중순경 선암사 일대에서 피어나는 매화꽃이 장관을 이룬다. 선암사에는 무우전 백매와 무우전 홍매가 천연기념물로 지정되었으며 인근 낙양읍성과 송광사에도 오래된 고매가 많아 봄철 선암사 일대를 답사하려면 이 시기를 택해 탐매여행과 함께 할 것을 권한다.

선암사 일주문은 돌계단 위에 높직이 서 있다. 그리고 일주문 너머 팔손이나뭇잎을 양옆에 끼고 있는 종각 기둥 사잇길이 한눈에 들어온다. 양파를 벗기듯 차례로 전각이 들어오며 장면마다 색다른 표정을 짓는 선암사는 입구부터 그 인상이 남다르다. 돌계단을 올라 만세루 앞에 서면 좌우로 넓은 길이 화단을 끼고 시원하게 뻗어 있다.

대웅전 앞마당은 좁은 편이다. 그러나 대웅전 오른편과 설선당 사이가 널찍이 트여 돌계단 너머 원통전까지 시선이 멀리 닿고, 대웅전 왼편과 심검당 사이는 지장전 너머 무우전까지 아기자기하게 길이 나 있어 좁다는 인상도, 답답한 느낌도 들지 않는다. 사찰을 꼼꼼히 살피는 편이라면 대웅전 오른편으로 올라 불조전과 원통전으로 가서 두 전각의 내력과 창살무늬를 살필 만하고, 그저 나처럼 공원에 온 듯이 느긋이 즐길 양이면 지장전을 스쳐 지나 곧장 무우전으로 향하면 된다. 해천당 바로 옆에는 우리나라 사찰 뒷간 중 압권인 선암사 대변소가 있다.

* 선암사에 대한 더 자세한 이야기는 『나의 문화유산답사기』 6권에서 만날 수 있습니다.

주소

전라남도 순천시 승주읍 선암사길 450

문화유산

선암사 승선교(보물 제400호), 선암사 대웅전(보물 제1311호), 선암사 동·서 삼층석탑(보물 제395호), 선암사 동종(2기, 보물 제1558호, 1561호), 선암사 대각암 승탑(보물 제1117호)

함께 가면 좋은 여행지

송광사, 조계산, 낙안읍성

참고 누리집

선암사 www.seonamsa.net | 송광사 www.songgwangsa.org
순천시청 순천여행 www.suncheon.go.kr/tour | 낙안읍성 nagan.suncheon.go.kr

무위사

질박한 아름다움이 살아 있는 남도답사 일번지

남도답사 일번지의 첫 기착지로 나는 항상 무위사를 택했다. 바삐 움직이는 도회적 삶에 익숙한 사람들은 이 무위사에 당도하는 순간 세상에는 이처럼 소담하고, 한적하고, 검소하고, 질박한 아름다움도 있다는 사실에 스스로 놀라곤 한다. 더욱이 그 소박함은 가난의 미가 아니라 단아한 아름다움이라는 것을 배우게 된다.

천왕문을 지나 보이는 무위사 극락보전 정면 3칸의 맞배지붕 주심포집이 그렇게 아담하고 의젓하게 보일 수가 없다. 조선시대 성종 7년(1476) 무렵에 지은 우리나라의 대표적인 목조건축의 하나로, 국보 제13호의 영예에 유감없이 답하고 있다. 고려시대 맞배지붕 주심포집의 엄숙함을 그대로 이어받으면서 한편으로는 조선시대 종묘나 명륜당 대성전에서 보이는 단아함이 여기 그대로 살아 있다. 거기에다 권위보다도 친근함을 주기 위함인지 용마루의 직선을 슬쩍 구부린 것이 더더욱 매력적이다. 치장이 드러나지 않은 문살에도 조선초가 아니면 볼 수 없는

무위사 극락보전

단정함이 살아 있다.

극락보전 안에는 성종 7년에 그림을 끝맺었다는 화기(畵記)가 있는 아미타 삼존벽화와 수월관음도가 원화 그대로 보존되어 있다. 이것은 두루마리 탱화가 아닌 토벽의 붙박이 벽화로 그려진 가장 오래된 후불벽화로, 화려하고 섬세했던 고려불화의 전통을 유감없이 이어받은 명작 중의 명작이다. 이 무위사 벽화 이래로 고려불화의 전통은 맥을 잃게 되고, 우리가 대부분의 절집에서 볼 수 있는 후불탱화들은 모두 임진왜란 이후 18~19세기의 것이니 그 기법과 분위기의 차이는 엄청난 것이다.

후불벽화의 뒷면, 그러니까 극락보전의 작은 뒷문 쪽에도 벽화가 그려져 있다. 백의관음이 손에 버드나무와 정병을 들고 구름 위에 떠 있는

무위사 극락보전의 벽화

데 아래쪽에는 선재동자가 무릎을 꿇고 물음을 구하고 있는 그림이다. 박락이 심하여 아름답다는 인상은 주지 않으나 그 도상은 역시 고려불화의 전통이라 의의는 있다. 극락보전 옆에는 고려초 이 절을 세번째로 중수하여 방옥사라 이름 붙였던 선각국사의 사리탑비가 1천년이 되도록 상처 하나 입지 않고 온전히 보존되어 있어 이 절집의 예스러운 분위기를 살려준다. 초봄의 무위사 극락보전 뒤 언덕에서는 해묵은 동백나무의 동백꽃이 윤기 나는 진초록 잎 사이로 점점이 선홍빛을 내뿜는다.

* 무위사에 대한 이야기는 『나의 문화유산답사기』 1권에서 더 자세히 만날 수 있습니다.

주소

전라남도 강진군 성전면 무위사로 308

문화유산

무위사 극락보전(국보 제13호), 무위사 극락보전 아미타여래삼존벽화(국보 제313호), 무위사 극락보전 아미타여래삼존좌상(보물 제1312호), 무위사 극락보전 백의관음도(보물 제1314호), 무위사 극락보전 내벽사면벽화(보물 제1315호), 무위사 선각대사탑비(보물 제507호)

함께 가면 좋은 여행지

월출산국립공원, 월남사터, 도갑사

참고 누리집

무위사 www.muwisa.or.kr | 강진군청 강진문화관광 www.gangjin.go.kr/culture
월출산국립공원 www.knps.or.kr/wolchul | 도갑사 www.dogapsa.com

1 2 3 4
5 6 7 8
9 10 11 12

○ 1주 ○ 2주
○ 3주 ○ 4주
○ 5주

일

월

화

수
목
금
토

1 2 3 4
5 6 7 8
9 10 11 12

○ 1주 ○ 2주
○ 3주 ○ 4주
○ 5주

일

월

화

수
목
금
토

① ② ③ ④
⑤ ⑥ ⑦ ⑧
⑨ ⑩ ⑪ ⑫

○ 1주 ○ 2주
○ 3주 ○ 4주
○ 5주

일

월

화

수
목
금
토

① ② ③ ④
⑤ ⑥ ⑦ ⑧
⑨ ⑩ ⑪ ⑫

○ 1주 ○ 2주
○ 3주 ○ 4주
○ 5주

일

월

화

수

목

금

토

① ② ③ ④
⑤ ⑥ ⑦ ⑧
⑨ ⑩ ⑪ ⑫

○ 1주 ○ 2주
○ 3주 ○ 4주
○ 5주

일

월

화

수
목
금
토

여행지 이름 :

여행을 떠난 목적 / 목적을 이루었습니까?

여행하며 거쳐간 곳

새롭게 알게 된 사실

오늘의 수확

예상하지 못한 만남

동행했던 사람들

어쩌면 아쉬운 점

4

강변에서 저녁 종소리를 들을 때면 차마 그곳을

— 고창 선운사 —
— 여주 신륵사 —

일	월	화

수	목	금	토

선운사

동백꽃과 백파스님, 그리고 동학군의 비기가 서려 있는 고찰

4월 말 5월 초에 누가 나에게 답사처를 상의해오면, 나는 서슴없이 고창 선운사에 가보라고 권한다. 그때쯤 한창 만개해 있을 동백꽃의 아름다움 때문이다. 이 절집의 동백숲은 천연기념물 제184호로 지정되어 있을 정도로 노목의 기품을 자랑하고 있으며, 그 수령은 대략 500년으로 잡고 있다. 선운사 동백꽃은 동백나무 자생지의 북방한계선상 가까이에 있기 때문에 4월 말이 되어야 절정을 이루며, 고창군에서 주관하는 선운사 동백연도 이 무렵에 열린다.

선운사의 뒷산인 도솔산 중턱, 도솔암이 있는 칠송대라는 암봉의 남쪽 벼랑에는 거대한 여래상이 새겨져 있다. 40미터가 넘는 깎아지른 암벽에 새겨져 있는 이 암각여래상은 그 위용이 장대하기 그지없다. 양식으로 보아 고려시대 불상인 것이 틀림없다. 기록에 의하면 고려 충숙왕 때 효정선사에 의해 선운사가 크게 중수됐다고 하는데 바로 그때 제작된 것이 아닌가 생각된다. 이 석각여래상은 결코 원만한 인상이거나 부

선운사 경내

드러운 미소를 띤 이상적인 인간상을 반영하고 있지 않다. 반대로 우람하고 도발적인 인상에다 젊고 능력 있는 개성을 보여준다. 이 점은 하대신라 이래로 지방의 호족들이 발원한 부처님상에 공통적으로 나타나는 특징이다. 곧 호족들의 자화상적 이미지가 거기에 반영되어 있는 것이다.

이 암각여래상의 배꼽 부위에는 네모난 서랍이 파여 있는데, 부처님을 봉안할 때 복장하는 감실이다. 여기에는 기괴한 전설이 하나 있었는데, 이 부처님의 배꼽 속에는 신기한 비결책이 들어 있어서 그것이 나오는 날 한양이 망한다는 유언비어가 널리 퍼지게 된 것이다. 이른바 갑오농민전쟁의 '석불비결' 이야기다.

선운사 도솔암 석각여래상

아무런 예비지식 없이 선운사를 찾는다면 그냥 지나쳐버리기 십상인 이 절집의 최대 명물, 그래서 나 같은 사람으로 하여금 몇 번이고 여기를 찾게 하는 것은 추사 김정희가 쓴 백파선사의 비문이다. 매표소 오른쪽 전나무숲 안쪽의 승탑밭 한가운데 남포오석으로 된 백파선사의 비가 서 있다. 비석의 앞면에는 엄격한 규율을 느끼게 하는 방정한 해서체의 힘찬 필치로 비문이 씌어 있는데, 나는 세상사람들이 추사체를 일러 '웅혼한 힘'을 보여준다고 표현한 것을 여기서 처음으로 실감하였다. 뒷면에는 선사의 삶을 기리는 명(銘)이 잔글씨로 새겨져 있다. 울림이 강하고 변화가 많은 추사체의 전형을 보여주는 이 행서글씨는 추사 말년의 최고 명작으로 평가되는 금석문이다. 다만 자세히 보면 추사의 글씨와 추사체를 모방한 글씨가 함께 있어 세심히 구별해야 한다.

기록에 의하면 선운사는 조선 성종 3년(1472)에 행호선사가 쑥대밭이 된 폐사지에 구층탑이 외롭게 서 있는 것을 보고 분발하여 다시 일으켰다고 한다. 성종의 작은아버지인 덕원군의 후원으로 대대적으로 중창했다는 것이다. 보물로 지정된 금동보살좌상과 금동지장보살은 이때 제작된 것으로 추정된다. 특히 도솔암 내원궁에 모셔놓은 지장보살상은 통일신라, 고려가 아닌 조선시대 불상의 진면목을 보여준다. 도솔암 암각여래상이 지방호족의 자화상적 이미지라면 이 지장보살은 사대부적 이상미를 반영하듯 학자풍이고 똑똑하게 생겼다.

* 선운사에 대한 이야기는 『나의 문화유산답사기』 1권에서 더 자세히 만날 수 있습니다.

주소

전라북도 고창군 아산면 선운사로 250

문화유산

선운사 대웅전(보물 제290호), 선운사 금동지장보살좌상(보물 제279호), 선운사 도솔암 금동지장보살좌상(보물 제280호), 선운사 동불암지 마애여래좌상(보물 제1200호), 선운사 동백나무숲(천연기념물 제184호)

함께 가면 좋은 여행지

고창 고인돌군(도산리·상갑리), 미당시문학관, 고창읍성(모양성), 신재효 고택(판소리 박물관)

참고 누리집

선운사 www.seonunsa.org | 순천군청 순천문화관광 www.gochang.go.kr/tour
판소리박물관 www.gochang.go.kr/pansorimuseum

신륵사

운치 있고 멋스러운 분위기의 남한강변 사찰

신륵사는 우리나라뿐 아니라 중국과 일본에서도 보기 드문 강변 사찰이다. 절집이라면 대개 깊은 산중이나 시내에 있는 것이 보통이다. 그러나 남한강변의 높직한 절벽 위에 자리잡은 신륵사는 유유히 흐르는 남한강을 내려다보며 여봐란듯이 가슴을 젖히고 있다.

신륵사 앞으로 흐르는 남한강 물줄기는 '여강(驪江)'이라는 별칭을 갖고 있다. 정확히 말해서 여주군 점동면 삼합리부터 금사면 전북리까지 총 40여 킬로미터에 이르는 100리 물길을 여강이라고 한다. 여강은 고려시대부터 남한강에서 가장 아름다운 곳으로 손꼽혀왔다. 여말선초의 이규보·이색·정도전·권근·서거정 같은 당대의 명류가 여기에서 운치 있는 뱃놀이를 하고 아름다운 시를 남기면서 더욱 유명해졌다.

여강 중에서 가장 아름다운 곳이 신륵사이고, 신륵사에서 가장 풍광이 수려한 곳이 강변의 정자인 강월헌이다. 강월헌은 고려 말의 고승인 나옹선사의 당호에서 딴 이름이다. 나옹선사가 신륵사에서 입적한 후

신륵사 삼층석탑

추모의 뜻을 담아 세웠다. 강월헌에 올라가면 멀리서 굽이쳐 흘러오는 남한강 물줄기가 장하게 펼쳐지고 강 건너 은모래 백사장을 감싸 안은 강마을의 평화로운 모습이 아련히 다가온다. 특히 해 질 녘 강월헌에서 강물이 보랏빛으로 물들고 은은히 들려오는 신륵사 저녁 종소리를 들을 때면 차마 그곳을 떠나지 못한다. 그래서 여주팔경에서 첫째로 꼽는 경치가 신륵모종, 즉 신륵사의 저녁 종소리다.

절벽에는 준수하게 치솟아 올라간 벽돌탑도 있다. 이 다층전탑은 언제 세워졌는지 명확하지 않다. 탑 위쪽에 영조 2년(1726)에 수리했다는 비석이 있을 뿐인데 벽돌에 새겨진 문양이나 벽돌탑 양식을 보면 고려 때 건립됐을 것으로 추정된다. 아마도 고려 때 신륵사를 중창하면서 절 마당에는 대리석 석탑을 세우고 강변 벼랑에는 별도로 벽돌탑을 더 세

신륵사 전경

운 것이 아닌가 싶다. 오래전부터 신륵사를 노래한 시에는 '벽절'이라는 표현이 나오는 것을 보면 이 벽돌탑이 신륵사의 상징이었음을 알 수 있다.

신륵사는 가람배치가 정연하여 아주 깔끔한 인상을 준다. 나지막한 봉미산의 느슨한 비탈을 타고 10채 남짓한 건물이 기역 니은으로 배치된 것이 마치 새가 둥지를 튼 듯 아늑하다. 특히 각 건물의 레벨이 점차 높아져 있기 때문에 팔작지붕·맞배지붕들이 날갯짓을 하며 높이높이

날아가는 것만 같다. 지붕들이 높이를 달리하면서 이리 겹치고 저리 겹치며 층층이 그리는 곡선미가 일품이다. 경내를 거닐자면 걸음걸이마다 다른 경관을 연출해주는 경관이야말로 한옥의 독특한 멋이라고 칭송할 만하다.

각 건물의 디테일을 보면 하나하나가 각별한 정성이 들어 있어 돌축대와 툇마루, 공간을 차단하면서 동선을 유도하는 낮은 별무늬 기와담장, 유머 넘치는 굴뚝이 이 절의 경건하면서도 멋스러운 분위기를 연출해주고 있다. 단아하고 정갈하면서도 인간적 체취가 느껴진다는 점에서 신륵사는 많은 사람에게 사랑받을 만하다.

신륵사에서 하룻밤 묵으며 『나의 문화유산답사기』 첫 꼭지를 집필했기에 나로서는 잊을 수 없는 절이기도 하다.

* 신륵사에 대한 이야기는 『나의 문화유산답사기』 8권에서 더 자세히 만날 수 있습니다.

주소

경기도 여주시 신륵사길 73

문화유산

신륵사 조사당(보물 제180호), 신륵사 다층석탑(보물 제225호), 신륵사 다층전탑(보물 제226호), 신륵사 보제존자석종(보물 제228호)

함께 가면 좋은 여행지

고달사터, 세종대왕 영릉(英陵), 효종대왕 영릉(寧陵)

참고 누리집

신륵사 www.silleuksa.org | 여주시청 여주문화관광 www.yeoju.go.kr/culture
세종대왕유적관리소 sejong.cha.go.kr

1 2 3 4
5 6 7 8
9 10 11 12

○ 1주 ○ 2주
○ 3주 ○ 4주
○ 5주

일

월

화

수
목
금
토

1 2 3 4
5 6 7 8
9 10 11 12

○ 1주 ○ 2주
○ 3주 ○ 4주
○ 5주

일

월

화

1 2 3 4
5 6 7 8
9 10 11 12

○ 1주 ○ 2주
○ 3주 ○ 4주
○ 5주

일

월

화

1 2 3 4
5 6 7 8
9 10 11 12

○ 1주 ○ 2주
○ 3주 ○ 4주
○ 5주

일

월

화

1 2 3 4
5 6 7 8
9 10 11 12

○ 1주 ○ 2주
○ 3주 ○ 4주
○ 5주

일

월

화

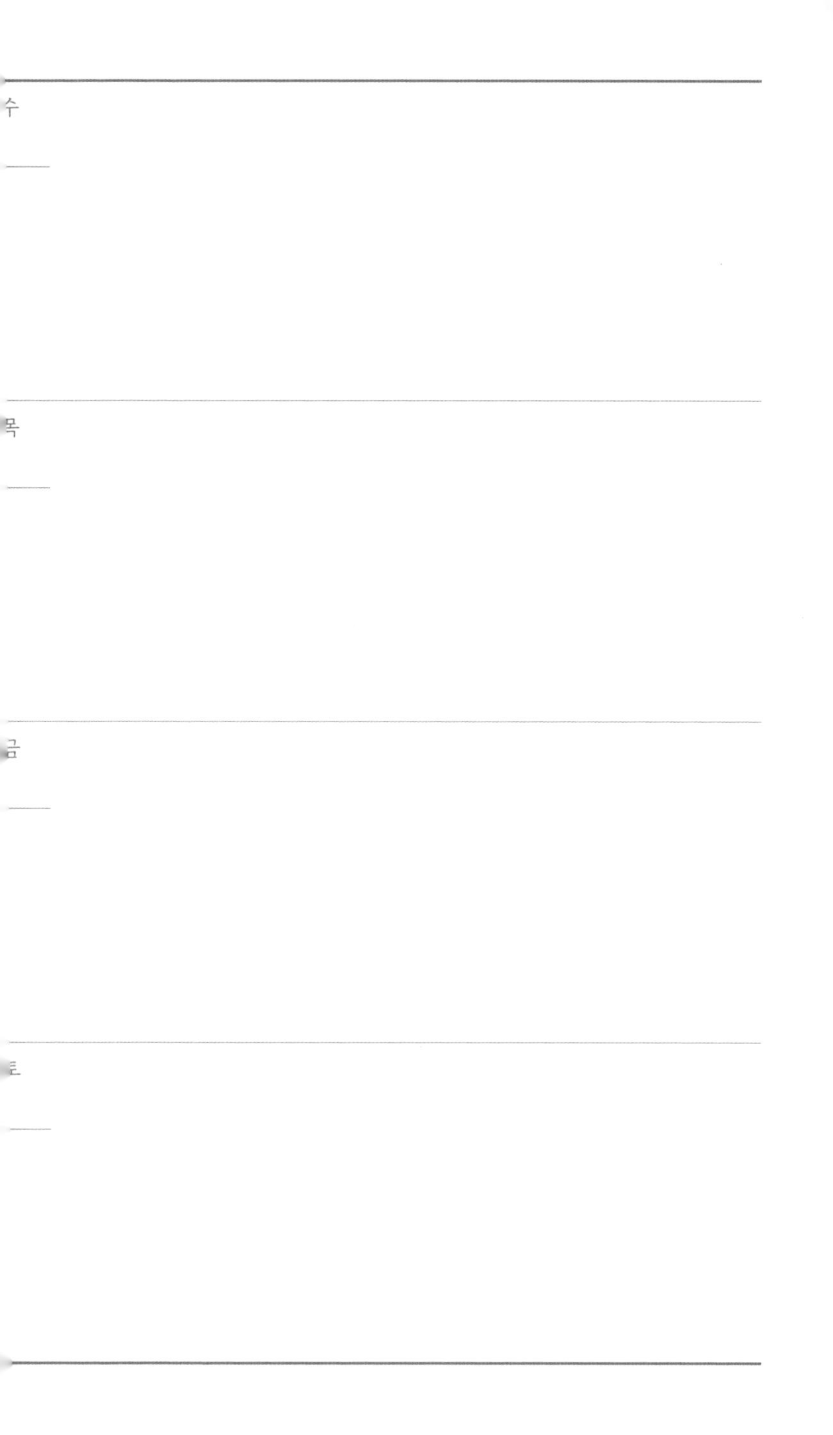
수
목
금
토

여행지 이름 :

여행을 떠난 목적 / 목적을 이루었습니까?

여행하며 거쳐간 곳

새롭게 알게 된 사실

오늘의 수확

예상하지 못한 만남

동행했던 사람들

어쩌면 아쉬운 점

5

만춘에 술이 익어갈 때는

— 서산마애불과 보원사터 —

— 문경 봉암사 —

일	월	화

수	목	금	토

서산마애불과 보원사터

백제의 숨결과
예술이 녹아 있는 문화유산들

서산마애불은 고풍저수지가 끝나면서 시작되는 용현계곡, 속칭 강댕이골 계곡 깊숙한 곳 한쪽 벼랑 인바위에 새겨져 있다. 문화재로 지정되기 전에야 불상이 새겨져 있어서 인바위라는 이름을 얻었겠건만, 이제는 거꾸로 그렇게 말할 수밖에 없게 됐다.

서산마애불의 발견 아닌 발견은 실로 위대했다. 서산마애불의 등장으로 우리는 비로소 백제 불상의 진면목을 말할 수 있게 되었다. 서산마애불 등장 이전에 백제 불상에 대하여 말한 것은 모두 추론에 불과했다. 저 유명한 금동미륵반가상이나 일본 고류지의 목조 반가사유상, 일본 호류지의 백제관음 등은 그것이 백제계 불상일 것이라는 심증 속에서 논해져왔던 것이다. 그러나 서산마애불은 이런 심증을 확실한 물증으로 전환시키는 계기가 되었다.

서산마애불은 삼존불 형식이면서도 곁보살이 독특하게 배치된 점과 신비한 미소의 표현으로 크게 주목받았다. 삼국시대 불상들을 보면 6세

서산마애불 전경

기부터 7세기 전반에 걸친 불상들에는 대개 미소가 나타나 있고, 이는 동시대 중국과 일본의 불상에서도 마찬가지다. 그러니까 6~7세기 불상의 미소는 당시 동북아시아 불상의 보편적 유행형식이었다. 이 시대 불상의 미소란 절대자의 친절성을 극대화시켜 상징한 것으로 7세기 이후 불상에서는 이 미소가 사라지고 대신 절대자의 근엄성이 강조된 것과 좋은 대비를 이룬다.

서산마애불이 향하고 있는 방위는 동동남 30도. 동짓날 해 뜨는 방향으로 그것은 일 년의 시작을 의미하며, 일조량을 가장 폭넓게 받아들일 수 있는 방향이다. 마애불 정면에는 가리개를 펴듯 산자락이 둘러쳐져 있다. 이는 바람이 정면으로 마애불을 때리는 일이 없도록 막아주는 역할을 한다. 마애불이 새겨진 벼랑 위로는 마치 모자의 차양처럼 앞으로

보원사터 오층석탑

불쑥 내민 큰 바위가 처마 역할을 하고 있어서 빗방울이 곧장 마애불에 떨어지는 일이 없도록 하는데, 마애불이 새겨진 면석 자체가 아래쪽으로 80도의 기울기를 갖고 있어서 더욱 효과적으로 빗방울을 피할 수 있다. 한마디로 광선을 최대한 받아들이면서 비바람을 직방으로 맞는 일이 없는 위치에 새긴 것이다.

서산마애불에서 용현계곡을 타고 조금만 안으로 들어가면 계곡은 갑자기 조용해지고 시야는 넓어지면서 제법 넓은 논밭이 분지를 이룬다. 거기가 서산마애불의 큰집 격인 보원사가 있던 자리다. 보원사는 백제 때 창건되어 통일신라와 고려왕조를 거치면서 계속 중창되어 한때는 법인국사 같은 큰스님이 주석한 곳이었다. 그러다 조선시대 어느 땐가 폐사되어 건물들은 모두 사라지고 민가와 논밭 차지가 되었고 오직 인재지변, 천재지변에도 견딜 수 있는 석조물들만이 남아 그 옛날의 자취와 영광을 말해주고 있다. 개울을 가운데 두고 앞쪽엔 절문과 승방이, 건너편엔 당탑과 승탑이 있었던 듯 개울 이쪽엔 당간지주와 돌물확이, 개울 저쪽엔 오층석탑과 사리탑이 남아 있다. 비바람 속에 깨지고 마모되긴 했어도 그 남은 자취가 하나같이 명물이어서 일찍부터 보물로 지정되었는데, 통일신라 때 만든 당간지주건 고려시대 때 만든 석탑과 물확이건 유물에서 풍기는 분위기와 멋스러움에 백제의 숨결이 느껴져 미술사가들은 그것을 백제지역에 나타난 지방적 특성이라며 주목하고 있다.

* 서산마애불과 보원사터에 대한 이야기는 『나의 문화유산답사기』 3권에서 더 자세히 만날 수 있습니다.

주소

서산마애불: 충청남도 서산시 운산면 마애삼존불로 65-13
보원사터: 충청남도 서산시 운산면 용현리 119-1

문화유산

서산 용현리 마애여래삼존상(국보 제84호), 보원사터 석조(보물 제279호), 보원사터 당간지주(보물 제103호), 보원사터 오층석탑(보물 제104호)

함께 가면 좋은 여행지

예산 화전리 사면석불, 개심사, 태안 굴포운하유적

참고 누리집

보원사 www.bowonsa.or.kr | 서산시청 서산문화관광 www.seosantour.net
개심사 www.gaesimsa.org

봉암사

일 년에 하루,
초파일에만 문을 여는 나라의 보물

봉암사는 유서 깊고 경관이 빼어나면서도 마음의 평온을 안겨다주는 넉넉한 기품의 절집이지만, 1982년부터 청정도량이 되어 일반인의 출입을 엄격히 통제한다. 단 일 년에 한 번, 사월 초파일 부처님 오신 날만은 축제의 현장으로 보고 출입을 허용하니 방문하려면 이때를 활용해야 한다.

봉암사를 창건한 분은 신라 말기의 큰스님 지증대사였다. 지증대사의 일대기와 봉암사의 유래는 최치원이 지은 지증대사비문에 소상하게 실려 있고 그 비석은 천 년이 지난 오늘날에도 거의 모든 글자를 다 읽어볼 수 있을 정도로 온전하게 남아 있는데, 서예가 여초 김응현 선생의 표현을 빌리면 "남한에 남아 있는 금석문 중에서 최고봉"이다. 또한 천하의 대문장가 최치원의 글맛이 이 비문보다 더 잘 나타난 것이 없다.

개창 이후 폐허와 중창을 반복한 봉암사에 지금 남아 있는 유적은 모두 석조물이며, 목조건축은 18세기에 지은 극락전 한 채뿐이다. 석조유

봉암사 삼층석탑

봉암사 지증대사 적조탑비

물 중 나라에서 보물로 지정한 것이 다섯 점 있는데, 그것은 삼층석탑, 지증대사 적조탑과 비, 정진대사 원오탑과 비이다.

삼층석탑은 지증대사의 봉암사 창건 당시 유물로 추정되는데, 전체 높이 6.3미터의 아담한 명작이다. 9세기 지방사찰의 대부분의 경우와 마찬가지로 불국사 석가탑을 모본으로 하여 그것을 경쾌한 모습으로 다듬으면서 지붕돌의 곡선미를 살려낸 것이다. 특히 이 삼층석탑은 기단부가 훤칠하게 큰데 상륜부가 온전하게 남아 있어서 유물로서 큰 가치를 지니고 있다.

지증대사 적조탑은 하대신라의 대표적인 승탑들과 마찬가지로 규모가 장중하고 돋을새김의 조각이 힘차고 아름답다. 특히 기단부의 공양상과 비파연주상은 그것 자체가 완숙한 평면 회화미를 보여주며, 팔각당의 자물쇠 새김은 단순하면서도 기품과 힘이 넘쳐흐른다. 정진대사 원오탑은 절 바깥 언덕배기에 있고 상태도 온전하여 그 주변 경관과 함께 시원스런 유물과의 만남이 보장되어 있다. 승탑의 형태도 지증대사의 그것을 그대로 본받았으니 그 안정감과 기품은 나라의 보물에 값할 만한 것이다.

봉암사에서 진실로 우리에게 감동을 주는 것은 절집의 자리앉음새이다. 경내 어디에서 보아도 우뚝 솟은 희양산 준봉들이 봉암사를 호위하듯 감싸고 있다. 깊은 산속에 이처럼 넓은 분지가 있다는 것이 차라리 이상할 정도이다. 나는 이 아름다운 자리를 택하여 절집을 앉힌 지증대사의 안목에 깊은 경의를 표한다. 사실 건축에서 가장 중요한 것은 위치설정, 이른바 로케이션이다. 우리나라 산사들이 그 산에서 가장 좋은 자리에 위치하고 있음은 개창조들의 땅을 보는 건축적 안목이 얼마나 높았던가를 실물로 말해주는 것이다.

* 봉암사에 대한 이야기는 『나의 문화유산답사기』 1권에서 더 자세히 만날 수 있습니다.

주소
경상북도 문경시 가은읍 원북길 313

문화유산
봉암사 지증대사탑비(국보 제315호), 봉암사 삼층석탑(보물 제169호), 봉암사 정진대사탑(보물 제171호), 봉암사 극락전(보물 제1574호), 봉암사 마애미륵여래좌상(보물 제2108호)

함께 가면 좋은 여행지
연풍관아터, 원풍리 마애불좌상, 문경새재도립공원

참고 누리집
봉암사 www.bongamsa.or.kr | 문경문화관광재단 www.mfct.kr

1 2 3 4
5 6 7 8
9 10 11 12

○ 1주 ○ 2주
○ 3주 ○ 4주
○ 5주

일

월

화

수
목
금
토

1 2 3 4
5 6 7 8
9 10 11 12

○ 1주 ○ 2주
○ 3주 ○ 4주
○ 5주

일

월

화

수
목
금
토

1 2 3 4
5 6 7 8
9 10 11 12

○ 1주 ○ 2주
○ 3주 ○ 4주
○ 5주

일

월

화

수
목
금
토

① ② ③ ④
⑤ ⑥ ⑦ ⑧
⑨ ⑩ ⑪ ⑫

○ 1주 ○ 2주
○ 3주 ○ 4주
○ 5주

일

월

화

1 2 3 4
5 6 7 8
9 10 11 12

○ 1주 ○ 2주
○ 3주 ○ 4주
○ 5주

일

월

화

여행지 이름 :

여행을 떠난 목적 / 목적을 이루었습니까?

여행하며 거쳐간 곳

새롭게 알게 된 사실

오늘의 수확

예상하지 못한 만남

동행했던 사람들

어쩌면 아쉬운 점

6

영롱한 햇살 싱그러운 빛깔

— 지리산 동·남쪽 —

— 제주 해녀불턱과 돈지할망당 —

촬영: 최옥석

	일	월	화

수	목	금	토

지리산 동·남쪽

여름을 채우는
지리산 둘레길 기행

답사를 다니면서 나는 정말로 탁족을 즐겼다. 옛사람의 풍류를 흉내내기 위함이 아니라 냇가에 앉아 양말을 벗고 냇물에 발을 담근다는 것 자체가 그렇게 즐거울 수가 없다. 그 한가로움과 마음편함 때문에 나의 답사행은 곧 탁족행이기도 했다. 나의 경험에 의하건대, 그 탁족의 행복을 누린 가장 환상적인 아름다움의 계곡은 지리산 기슭의 함양 화림동의 농월정과 산청 지리산의 대원사계곡이다.

나의 지리산 동·남쪽 답삿길은 매번 6월의 어느 날이었다. 6월의 산천은 참으로 심심하고 밋밋하다. 4월의 화사함, 5월의 싱그러움, 가을날의 화려함, 겨울산의 장엄함…… 그런 식으로 이어갈 마땅한 형용사가 6월의 산천에는 없다. 그저 푸르름뿐이다.

그러나 과연 그럴까? 최소한 6월의 지리산은 그렇지 않다. 어느 쪽으로 들어오든 지리산에 이르는 길은 산기슭마다 밤나무와 대나무로 가득하다. 6월이 되면 밤나무에는 밤꽃이 피며, 대나무는 새순이 껍질을

육십령고개에서 내려다본 장계마을

벗고 묵은 줄기 위쪽으로 고개를 내민다. 밤꽃의 불투명한 연둣빛과 대나무 새순의 투명한 연둣빛은 초록의 산허리를 유연한 번지기로 우려놓는다. 산기슭 한쪽, 계곡 가까이 넓은 터를 일구어 가꾼 밭에는 보리가 익어가며 진초록을 발하고, 논에는 갓 모내기한 어린 벼들이 논물에 몸매를 비추며 연한 연둣빛으로 어른거린다. 어쩌다 한 점 긴 바람이 스치며 영롱한 햇살이 다가와 연둣빛 물결에 가볍게 입 맞추고 지나갈 때 그 빛의 조화로움은 극치를 달린다. 그것이야말로 수묵화에서 단색조를 이용한 훈염법의 묘미를 시범적으로 보여주는 자연의 조화다.

그림을 그려본 사람은 알 것이다. 화폭에서 초록과 연둣빛 사용이 얼마나 어려운가를. 산천으로 나아가 들녘에 서서 바라보는 저 싱그러운 빛깔이 왜 화폭에서는 그리도 촌스럽고 어정뜬지 알 수 없다. 어디 그림

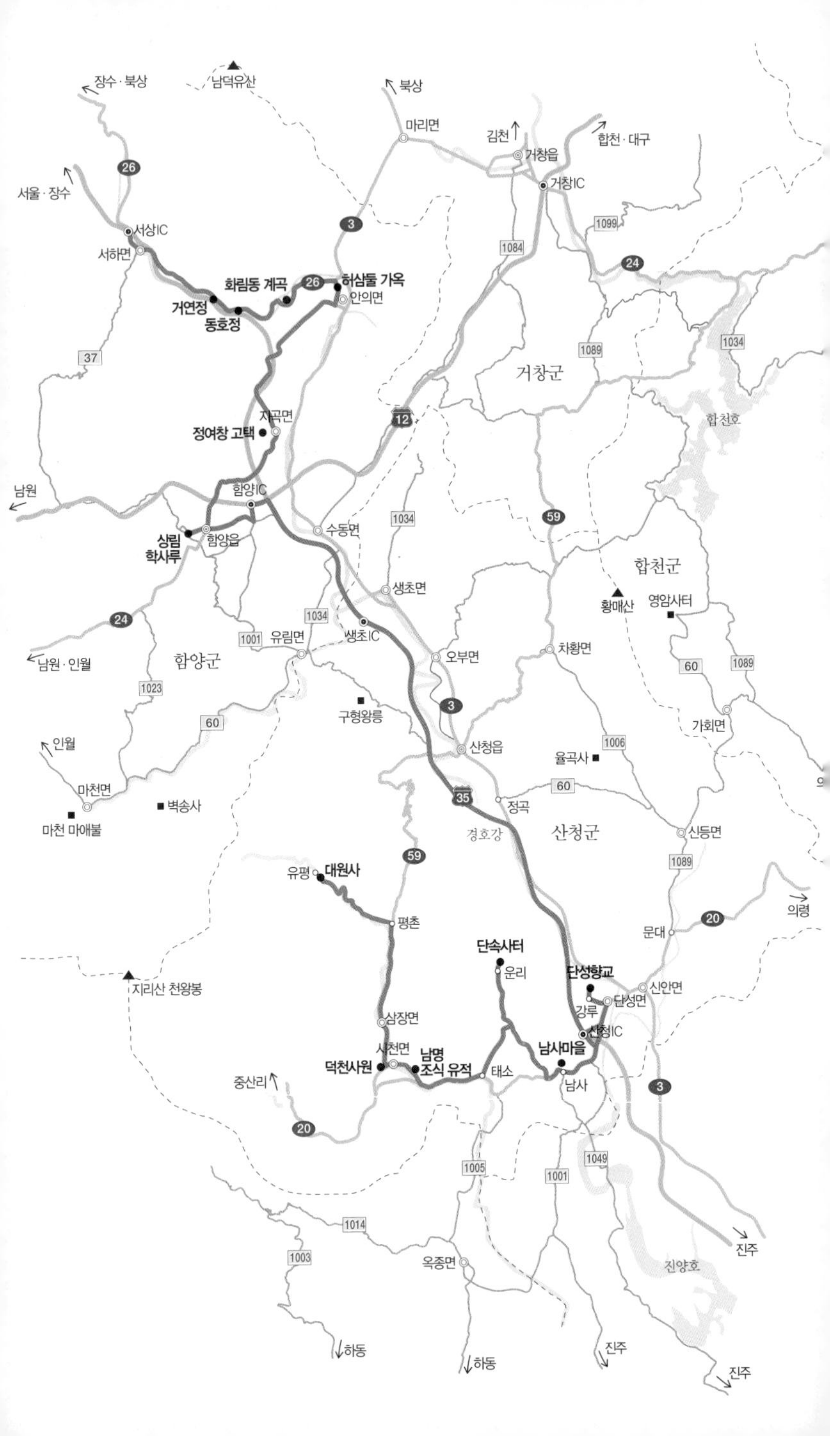
장수 · 북상
남덕유산
북상
마리면
김천
합천 · 대구
거창읍
거창IC
서울 · 장수
26
3
1099
서상IC
서하면
1084
24
화림동 계곡
26
허삼둘 가옥
안의면
거연정
동호정
1089
1034
37
거창군
합천호
12
지곡면
정여창 고택
남원
함양IC
59
1034
수동면
상림
학사루
함양읍
합천군
생초면
황매산
영암사터
24
1034
생초IC
1001
유림면
남원 · 인월
함양군
오부면
차황면
60
1089
1023
구형왕릉
3
가회면
60
인월
산청읍
1006
율곡사
마천면
60
35
정곡
마천 마애불
벽송사
경호강
산청군
신등면
59
1089
유평
대원사
의령
평촌
20
문대
단속사터
운리
단성향교
지리산 천왕봉
신안면
강루
단성면
삼장면
산청IC
시천면
남명
조식 유적
남사마을
덕천사원
태소
남사
중산리
3
20
1049
1005
1001
1014
진주
1003
옥종면
진양호
하동
하동
진주
진주

뿐이던가. 초록색 양복 입은 사람 본 적 있는가. 초록은 오직 땅과 어울리고 하늘과 맞닿을 때만 생명을 갖는 빛깔이다. 그것은 자연의 빛깔이며 조물주만 구사할 수 있는 미묘한 변화의 원색인 것이다. 6월의 지리산은 그것을 남김없이 가르쳐준다.

*지리산 동·남쪽에 대한 이야기는 『나의 문화유산답사기』 2권에서 더 자세히 만날 수 있습니다.

주소

동호정(경상남도 함양군 서하면 황산리 842), **거연정**(경상남도 함양군 육십령로 2590), **허삼둘 고택**(경상남도 함양군 안의면 허삼둘길 11-7), **정여창 고택**(경상남도 함양군 지곡면 개평길 50-13), **함양 상림**(경상남도 함양군 함양읍 필봉산길 49), **학사루**(경상남도 함양군 함양읍 학사루길 4), **단성향교**(경상남도 산청군 단성면 교동길 13-15), **단속사터**(경상남도 산청군 단성면 운리 302), **남명 조식 유적**(경상남도 산청군 시천면 사리 384), **대원사**(경상남도 산청군 삼장면 평촌유평로 453)

참고 누리집

함양군청 함양문화관광 tour.hygn.go.kr | 산청군청 산청문화관광 tour.sancheong.ne.kr
대원사 www.daewonsa.net

해녀불턱과 돈지할망당

제주 해녀의 어제와 오늘을 만난다

제주 해녀의 상징은 구좌읍 하도리에서 찾게 된다. 하도리에는 현재도 가장 많은 해녀가 물질을 하고 있고, 일제강점기에 해녀들의 항일운동이 일어났던 곳으로 제주해녀항일운동기념공원에는 기념탑도 세워져 있고, 2006년에 문을 연 해녀박물관도 있다.

해녀박물관은 하도리 윗동네인 상도리 연두망 작은 동산에 있는 제주해녀항일운동기념공원 안에 자리잡고 있어 주변에 시설물들이 많다. 둥근 형태의 박물관 건물 맞은편 언덕 위쪽에는 예의 뾰족한 기념탑이 높이 솟아 있다. '제주해녀항일운동기념탑'이다. 해녀박물관 영상실에서는 해녀 관련 영상을 상영하고 제1전시실에서 해녀의 삶, 제2전시실에서 해녀의 일터와 도구를 실물과 모형으로 전시하고 있어 해녀를 이해하는 데 유익한 정보를 제공해준다. 제주올레 제20코스의 종점이자 마지막 코스인 제21코스의 출발점이기도 하다.

해녀는 기량의 숙달 정도에 따라 상군·중군·하군의 계층이 있고, 해

하도리 해녀불턱

녀 그룹의 리더를 대상군이라고 한다. 15명, 20명이 한 조를 이루며 대상군을 따라 바다로 나간다. 기러기 형태로 가는데 5분마다 뒤돌아보며 두 줄로 세 명이 번갈아 리드하면서 대략 2킬로미터 정도를 간다. 바다 속에 무자맥질하여 보통 수심 5미터에서 30초쯤 작업하다가 물 위에 뜨곤 하지만, 기량에 따라서는 수심 20미터까지 들어가고 2분 이상 견디기도 한다. 물 위로 솟을 때마다 한꺼번에 막혔던 숨을 몰아쉰다. 그 때 나는 소리를 '숨비소리'라고 한다.

'해녀불턱'은 해녀들의 쉼터이자 사랑방이다. 해녀들이 물질을 하다 힘이 들고 바닷물이 차서 몸이 얼음덩어리가 되면 불턱에 와서 불을 쬐며 몸을 녹이고 쉰다. 시시콜콜한 담소를 나누거나 작업에 대해 논의하기도 한다. 하도리 바닷가에는 여전히 남아 있는 불턱들을 볼 수 있다.

종달리 돈지할망당

여름날 하도리에서 해안도로를 따라 종달리 돈지할망당으로 향하면 길가에 수국꽃이 몇 킬로미터나 장하게 피어 있는 것이 너무도 아름답고 환상적이다. 돈지할망당의 '돈지'는 배가 닿을 수 있는 해안가라는 의미이니 돈지할망당은 '해안가 신당'이라는 뜻이다. 종달리 돈지할망당은 구좌읍 종달리 포구 서쪽 200미터 지점에 있다. 해안가에 불룩 솟아 있는 기암괴석인데 바람에 시달려 이리저리 굽고 휜 채 낮고 길게 누워 있는 '우묵사스레피' 나무(생게남)가 신령스러운 푸른빛을 발하고 있다. 이 돈지당은 천연의 괴석과 나무를 신석(神石), 신목으로 삼은 전형적인 바닷가의 해신당으로, 풍어와 해상안전을 기원하는 곳이다. 특히 정월 초하루와 팔월 추석에 지내는 어부들의 뱃고사 때에는 제물로

돼지머리를 올린다. 해녀들은 따로 일정한 제삿날 없이 택일하여 가기도 하고 물에 들어갈 때 수시로 기원하기도 하는 곳이다.

생각건대 이 종달리 돈지할망당이야말로 가장 제주의 해신당다운 곳이다. 신령스럽게 생긴 바위와 작은 굴, 그리고 모진 바람에 가지가 굽고 굽으면서도 윤기 나는 푸른 잎을 잃지 않은 생게남을 영험하게 생각하여 여기를 신당으로 삼은 것이다. 거기에 인간의 기도하는 마음이 서려 있는 오색천과 소지, 그리고 자연의 산물을 대표한 과일 몇 알로 신과 마음을 나누는 모습이 제주 신앙의 가장 아름다운 모습 아닐까. 누가 이를 미신이라고 할 것이며 추하다고 할 것이며 가난하다고 비웃을 것인가.

* 해녀불턱과 돈지할망당에 대한 이야기는 『나의 문화유산답사기』 7권에서 더 자세히 만날 수 있습니다.

주소

해녀박물관: 제주특별자치도 제주시 구좌읍 해녀박물관길 26
하도리 해녀 불턱: 제주특별자치도 제주시 구좌읍 해맞이해안로 1897-27 하도어촌체험마을 인근
돈지할망당: 제주특별자치도 제주시 구좌읍 종달리 565-72 종달리 포구 서쪽 200미터 지점

함께 가면 좋은 여행지

세화리 갯것할망당, 별방진, 종달리 고망난돌 쉼터

참고 누리집

제주 관광정보 포털 www.visitjeju.net | 해녀박물관 www.jeju.go.kr/haenyeo

1 2 3 4
5 6 7 8
9 10 11 12

○ 1주 ○ 2주
○ 3주 ○ 4주
○ 5주

일

월

화

수
목
금
토

1 2 3 4
5 6 7 8
9 10 11 12

○ 1주 ○ 2주
○ 3주 ○ 4주
○ 5주

일

월

화

수
목
금
토

1 2 3 4
5 6 7 8
9 10 11 12

○ 1주 ○ 2주
○ 3주 ○ 4주
○ 5주

일

월

화

수
목
금
토

1 2 3 4
5 6 7 8
9 10 11 12

○ 1주 ○ 2주
○ 3주 ○ 4주
○ 5주

일

월

화

수
목
금
토

1 2 3 4
5 6 7 8
9 10 11 12

○ 1주 ○ 2주
○ 3주 ○ 4주
○ 5주

일

월

화

여행지 이름 :

여행을 떠난 목적 / 목적을 이루었습니까?

여행하며 거쳐간 곳

새롭게 알게 된 사실

오늘의 수확

예상하지 못한 만남

동행했던 사람들

어쩌면 아쉬운 점

7

해마다 여름이면

— 공주 지역 답사 —

— 영양 지역 답사 —

일	월	화

수	목	금	토

공주 지역 답사

백제 고도를 걸으며
역사를 상상하다

공주는 백제의 두 번째 서울, 당시 이름으로 웅진(熊津), 곰나루였다. 오늘날 공주는 금강 북쪽을 신시가지로 만들어 아파트도 많이 짓고 버스터미널도 그리로 옮겼지만, 원래의 공주는 금강 남쪽 공산성 주변이다. 강변에 바짝 붙어 금강을 내려다보며 버티듯 뻗어 있는 공산성을 바라보면서 공주대교를 건널 때 우리는 공주에 왔음을 실감하게 된다. 지금도 공산성 아랫쪽에 시청·법원·경찰서 등 관공서가 들어서 있고 공산성 바로 옆은 전통의 재래시장인 산성시장이 자리잡고 있으며 그 너머에 무령왕릉이 있는 송산리고분군이 있다.

금강변을 따라 동서로 길게 뻗은 공산성은 해발 110미터, 전체 길이 2.2킬로미터로 그리 좁지도 넓지도 않다. 동서로는 성문이 설치되어 있고 남북으로는 공북루와 진남루라는 2층 누각이 있으며 성 안에는 왕궁터와 임류각터, 만하정의 백제시대의 연지, 영은사라는 절터, 쌍수정이라는 정자가 있다. 공산성을 한 바퀴 돌아보는 것은 답사라기보다 산책

공산성 금서루

이다. 보통 한 시간, 길어봤자 시간 반 걸리는 이 답사 코스는 아마도 공주 답사객이 가장 사랑할 산책길이 아닐까 싶다.

공주는 급하게 피난 오면서 자리잡은 곳인지라 도시로서, 더욱이 한 나라의 도읍으로서는 너무 좁고 비탈이 많다. 그래서 예나 지금이나 도회다운 맛이 적다. 백제의 유적지라고 해야 무령왕릉 외에는 딱히 찾아갈 곳이 마땅치 않으니 웅진백제의 향기를 느끼고자 공주를 찾은 사람으로서는 답답한 일이 아닐 수 없다. 그래서 나는 학생들에게 공주를 각인시키기 위해 시내 반죽동에 있는 대통사 절터를 데려가곤 한다. 대통사는 넓게 유적공원으로 정비하여 당간지주가 당당한 모습으로 서 있고 공원 주위 민가의 돌담엔 능소화가 해마다 여름이면 장관으로 피어난다. 이곳은 웅진백제 시절을 증언하는 유일한 공주의 절터이다.

송산리 고분군과 무령왕릉 입구

공주가 웅진백제의 도읍이었음을 말할 수 있는 것은 송산리 고분공원에 있는 무령왕릉이 있기 때문이다. 무령왕릉이 있는 송산은 높이 130미터의 나지막한 금강변의 구릉으로 일제시대에 도굴이 횡행해 1호분부터 5호분까지 모조리 도굴되면서 고고학적으로 부각되었다. 이후 1971년 7월 5일 배수로공사 도중 한 인부의 삽이 무령왕릉의 벽돌 모서리에 부딪히면서 역사적인 개봉을 하게 되었다.

무령왕릉의 답사는 왕릉을 둘러본 뒤 국립공주박물관의 무령왕릉 출토유물 전시품을 보았을 때 비로소 의의를 지닐 수 있다. 국립공주박물관은 무령왕릉 출토유물을 전시하기 위하여 새로 지은 것이니 이 유물을 보지 않은 무령왕릉 답사란 겉껍질 구경에 불과하다.

나의 공주답사는 앞이든 뒤든 항상 곰나루에서 시작하거나 끝마무리를 한다. 무령왕릉이 있는 송산리 고분공원 아래쪽 금강변, 공주시내를 관통하여 흘러내려오는 제민천이 금강과 만나는 곳이 곰나루다. 곰나루 금강변에는 아름다운 솔밭이 있어 나라에서 명승 제21호로 지정하였다. 곰나루 솔밭 아래 흰 백사장 너머로는 아름다운 여미산이 항시 강물에 엷게 비친다. 그 아련한 풍광을 보면 절로 백제를 그리는 회상에 잠기며 역사적 상상의 날개를 펼 수 있게 된다.

* 공주 지역 답사에 대한 이야기는 『나의 문화유산답사기』 3권에서 더 자세히 만날 수 있습니다.

주소

공산성: 충청남도 공주시 금성동 53-51
대통사터: 충청남도 공주시 반죽동 302-2
송산리 고분군(무령왕릉): 충청남도 공주시 웅진로 280
국립공주박물관: 충청남도 공주시 관광단지길 34
곰나루: 충청남도 공주시 웅진동 427-5

참고 누리집

공주시청 공주문화관광 tour.gongju.go.kr | 국립공주박물관 gongju.museum.go.kr

영양 지역 답사

나 혼자 알고 싶은 답사지,
사람·자연·역사가 어우러지는 곳

인근의 안동이나 의성의 양반촌들에 비해 영양은 여전히 덜 알려진 여행지다. 그러나 오염되지 않은 강 반변천과 음택의 명당이 있다는 일월산을 품은 영양은 답사의 고수들이라면 한번 찾을 만한 여행지임에 틀림없다. 영양 지역의 답사는 주실마을 숲의 250여 년 된 느티나무와 느릅나무가 한창 우거지고, 서석지에 연꽃이 피는 7~8월경이 좋다.

영양의 국보인 봉감 모전석탑은 입암에서 흘러내려오는 반변천이 절벽을 타고 반달 모양으로 흘러가는 자리에 우뚝 서 있다. 경주 분황사 모전석탑과 똑같은 아이디어로 쌓아올린 이형탑이다. 전탑의 고장에서 전탑의 전통을 변형하여 이어간 것이라고 생각하면 영양 땅이 안동 문화권에 속하면서도 한편으로는 영양의 독자성을 지니고 있다는 뜻이 비치는 것도 같다. 봉감 모전석탑은 그 자체의 건축적 조형미도 조형미이지만 주변 환경과의 어울림이 탁월하다. 강 건너 절벽이 시루떡의 결같이 수평으로 썰린 듯 보이는데, 이 봉감 모전석탑이 철추를 내리듯 수

봉감 모전석탑

식으로 곧게 뻗어 우뚝하니 그 힘차고 장중함이 더욱 당당하다. 봄이면 산수유, 여름이면 담배, 가을이면 고추가 제철을 구가하며 봉감 모전석탑의 배경을 바꾸어준다. 그럴 때면 그 곱고 연한 배경의 빛깔로 폐사지 석탑은 더욱 아련하게 느껴진다.

입암에서 청기로 가는 길을 따라 얼마를 가다보면 반변천상에 불쑥 솟은 선바위, 입암(立岩)이 나오고 거기서 조금 더 들어가면 연당리 작은 마을이 나온다. 여기는 동래 정씨 동성마을로 진흙 돌담이 집집마다 둘러쳐져 있는 예스러운 동네이며, 그 한쪽에 서석지가 자리잡고 있다.

서석지는 이 마을 입향조인 석문 정영방이 조성한 정원으로 조선시대 민가의 연당정원으로 으뜸이라 할 만한 명작이다. 서재인 주일재와 정자인 경재를 기역자로 배치하고 두 건물 앞마당에 해당하는 공간을

서석지

큰 연못으로 축조한 정원이다. 조성한 모양새를 자세히 살펴보면 주인의 사적인 공간은 아주 작고, 손님 맞고 글 가르치는 공적인 공간은 널찍하게 만들어두었다. 이런 극명한 대비를 통해 서재는 더욱 겸허의 아름다움이 돋보이는데 그것은 어떤 면에서 조선 건축의 한 정신을 보여준다. 또한 자연을 그대로 끌어안으면서 인공을 가하고 또 그렇게 가한 인공을 자연스럽게 풀어주면서 조화를 꾀한 정원 설계는 우리나라 민간 정원의 백미라 해도 과언이 아닐 천연의 아름다움을 보여준다.

영양읍을 지나 봉화 쪽으로 어느만큼 가다보면 경상도 산골이 아니라 강원도 산골처럼 경사가 가파르고 산이 가까이 다가서는데 일월면이라는 멋진 이름이 나와, '아! 여기가 일월산이 있는 곳인가보다' 생각하게 되고 또 어느만큼 가다보면 갑자기 차창 오른쪽으로 산자락 아래

번듯한 반촌이 나와 답사객을 놀라게 한다. 여기가 시인 조지훈의 고향으로 알려진 주곡, 속칭 주실마을로 한양 조씨 집성촌이다. 주실마을의 조씨 집안에는 특히나 인재들이 많았는데, 한 마을에서 인물 많이 나오기로 여기만 한 곳이 없을 정도이다.

* 영양 지역 답사에 대한 이야기는 『나의 문화유산답사기』 3권에서 더 자세히 만날 수 있습니다.

주소

봉감 모전석탑: 경상북도 영양군 입암면 봉감길 96

서석지: 경상북도 영양군 입암면 서석지1길 10

주실마을: 경상북도 영양군 일월면 주곡리 194-1

참고 누리집

영양군청 영양문화관광 tour.yyg.go.kr

① ② ③ ④
⑤ ⑥ ⑦ ⑧
⑨ ⑩ ⑪ ⑫

○ 1주 ○ 2주
○ 3주 ○ 4주
○ 5주

일

월

화

1 2 3 4
5 6 7 8
9 10 11 12

○ 1주 ○ 2주
○ 3주 ○ 4주
○ 5주

일

월

화

1 2 3 4
5 6 7 8
9 10 11 12

○ 1주 ○ 2주
○ 3주 ○ 4주
○ 5주

일

월

화

1 2 3 4
5 6 7 8
9 10 11 12

○ 1주 ○ 2주
○ 3주 ○ 4주
○ 5주

일

월

화

수
목
금
토

1 2 3 4
5 6 7 8
9 10 11 12

○ 1주 ○ 2주
○ 3주 ○ 4주
○ 5주

일

월

화

수
목
금
토

여행지 이름 :

여행을 떠난 목적 / 목적을 이루었습니까?

여행하며 거쳐간 곳

새롭게 알게 된 사실

오늘의 수확

예상하지 못한 만남

동행했던 사람들

어쩌면 아쉬운 점

8

탁 트여 시원한 바람이

— 안동 병산서원 —

— 제주 다랑쉬오름 —

	일	월	화

수	목	금	토

—

병산서원

인공과 자연이 완벽하게 조화하는
한국 서원건축의 최고봉

안동 병산서원은 1572년 서애 류성룡이 풍산읍내에 있던 풍산 류씨 교육기관인 풍악서당을 이곳 병산으로 옮겨 지은 것이다. 이후 1613년에는 서애의 제자들이 류성룡을 모신 존덕사를 지었고, 1629년에는 서애의 셋째아들인 수암 류진을 배향했으며 1863년엔 병산서원이라는 사액을 받았다. 그리고 1868년 대원군의 서원철폐 때도 건재한 조선시대 5대 서원의 하나이다.

병산서원은 그런 인문적·역사적 의의 말고 미술사적으로 말한다 해도 우리나라에서 가장 아름다운 서원건축으로 한국건축사의 백미이다. 그것은 건축 그 자체로도 최고이고, 자연환경과 어울림에서도 최고이며, 생생하게 보존되고 있는 유물의 건강상태에서도 최고이고, 거기에 다다르는 진입로의 아름다움에서도 최고이다.

병산서원에 당도하면 몇 채의 민가와 민박집 그리고 병산서원 고사(庫舍)가 먼저 우리를 맞이하고 주차장에 들어서면 왼쪽으로는 유유히

병산서원 대청마루에서 내다본 전경

흐르는 낙동강과 모래밭, 그 앞으로는 잘생긴 강변의 솔밭이 포진하고, 그 오른쪽으로 병산서원이 아늑하게 자리잡고 있다. 외견상으로 병산서원은 장해 보일 것도, 거해 보일 것도, 아름답게 보일 것도 없다. 그저 외삼문을 가운데 두고 기와돌담이 반듯하게 돌려 있는 여느 서원과 다를 바 없다.

이런 단순한 구조에 무슨 변화가 크게 있을 것 같지도 않고, 그 멋이 대개 비슷할 것 같으나 그게 그렇지 않다. 어디가 달라도 다르며, 공간분할의 크기가 약간만 차이 나도 이미지상에는 엄청난 변화를 가져온다. 병산서원 또한 그런 전형적인 서원배치에서 조금도 벗어나 있지 않지만 병산서원은 주변의 경관을 배경으로 하여 자리잡은 것이 아니라 이 빼어난 강산의 경관을 적극적으로 끌어안으며 배치했다는 점에서 건축적·원림적 사고의 탁월성을 보여준다.

병산서원 만대루

병산서원이 낙동강 백사장과 병산을 마주하고 있다고 해서 그것이 곧 병산서원의 정원이 되는 것은 물론 아니다. 이를 건축적으로 끌어들이는 장치를 해야 이 자연공간이 건축공간으로 전환되는 것인데 그 역할을 충실히 수행하고 있는 것이 만대루이다. 병산서원의 낱낱 건물은 이 만대루를 향하여 포진하고 있다고 해도 과언이 아닐 정도로 여기에 중심이 두어져 있다.

서원에 출입하는 동선을 따라가보면 만대루의 위상은 더욱 분명해진다. 외삼문을 열고 만대루 아래로 난 계단을 따라 서원 안마당으로 들어서면 좌우로 시위하듯 서 있는 동재, 서재를 옆에 두고 돌계단을 올라 강당 마루에 이르게 된다. 강당 누마루에 올라앉으면 양옆으로는 한 단 아래로 동재와 서재가 지붕머리까지 드러내면서 시립하듯 다소곳이 자리하고 있다. 강당에서 고개를 들어 앞을 내다보면 홀연히 만대루 넓은 마루 너머로 백사장이 아련히 들어오는데 그 너머 병산의 그림자를 다 받아낸 낙동강이 초록빛을 띠며 긴 띠를 두르듯 흐르는 것이 눈에 들어온다. 만대루에서의 조망, 그것이 병산서원 자리잡음의 핵심인 것이다. 주변의 경관과 건물이 만대루를 통하여 흔연히 하나가 되는 조화와 통일이 구현된 것이니 이 모든 점을 감안하면 나는 병산서원을 단연 한국 서원건축의 최고봉이라고 주장하고 싶다.

이처럼 병산서원의 아름다움에 대한 예찬은 끝도 없는데 나는 병산서원이 어느 서원도 따를 수 없이 깨끗하고 건강하게 보존되어 있음을 또 말하지 않을 수 없다. 강당의 마루는 상시로 마른걸레질 쳐서 윤기를 잃지 않았고, 동재와 서재 그리고 원장실은 추운 날이면 장작불을 때어 흙벽이 바스러지는 일이 없다. 그 싱싱한 보존의 비결은 서원을 지금도 사람이 기거하는 양 조석으로 쓸고 닦고 여름이면 문을 활짝 열어주고 겨울이면 군불을 때어주는 것이며, 그렇게 방문객들의 체온이 나무마루와 토벽에 서려 병산서원은 이제껏 옛 모습을 지켜오고 있다.

* 병산서원에 대한 이야기는 『나의 문화유산답사기』 3권에서 더 자세히 만날 수 있습니다.

주소

경상북도 안동시 풍천면 병산길 386

문화유산

병산서원 만대루(보물 2104호)

함께 가면 좋은 여행지

하회마을, 부용대, 체화정

참고 누리집

병산서원 www.byeongsan.net | 하회마을 www.hahoe.or.kr
안동관광 www.tourandong.com

다랑쉬오름

여행객의 탄성을 부르는
제주 오름의 백미

다랑쉬오름은 제주시 구좌읍 세화리와 송당리에 걸쳐 있다. 천연기념물로 지정된 제주의 빼놓을 수 없는 명소 비자림의 동남쪽 1킬로미터 지점이다. 제주시내에서 가자면 번영로(97번 도로)와 비자림로, 중산간동로를 거쳐 가거나 산천단을 지나 일단 5·16도로(1131번 도로)로 들어섰다가 산굼부리를 거쳐가는 1112번 도로로 갈 수도 있다. 제주시내에서 37킬로미터 거리로, 탐방로 입구 주차장까지 45분 정도 걸린다. 어느 길로 가야 할까? 단정적으로 말하기를 잘하는 우리의 현지 안내자는 무조건 후자로 가야 한다고 했다.

멀리서 드러난 다랑쉬오름은 자태가 정말로 우아하고 빼어났다. 산마루는 가벼운 곡선을 그리지만 오름의 능선은 대칭을 이루어 정연한 균제미를 보여준다. 능선은 매끈한 풀밭으로 덮여 있어 결이 아주 곱고, 아랫자락에서는 아무렇게나 자란 나무들이 다랑쉬오름을 공손히 감싸준다.

다랑쉬오름과 아끈다랑쉬오름

다랑쉬라는 이름의 유래에는 여러 설이 있으나 다랑쉬오름 남쪽에 있던 마을에서 보면 북사면을 차지하고 앉아 된바람을 막아주는 오름의 분화구가 마치 달처럼 둥글어 보인다 하여 붙여졌다는 설이 가장 정겹다. 그래서 다랑쉬오름은 한자로 월랑봉(月郞峰)이라고 표기한다. 표고는 해발 382.4미터지만 주변의 지형과 비교한 산 자체의 높이인 비고는 227미터며, 밑지름이 1,013미터에 오름 전체의 둘레는 3,391미터에 이른다.

내가 처음 다랑쉬오름에 갈 때만 해도 오름이 일반에 알려지지 않아 탐방로가 따로 없었다. 분화구 정상에 이르는 가파른 경사면을 지그재

다랑쉬오름 분화구

그로 올라가야 했다. 그러다 패러글라이딩의 적지로 알려지고 활공장이 생기면서 북쪽으로 오르는 길이 생겼고 지금은 오름 오르기가 일반화되면서 자동차의 접근이 쉬운 동쪽에 넓은 주차장과 함께 타이어매트를 깐 탐방로가 개설됐다. 탐방로 입구에서 정상까지는 600미터 내외여서 늦은 걸음이라도 이삼십 분이면 오를 수 있다.

오름 아랫자락에는 삼나무와 편백나무 조림지가 있어 제법 무성하다 싶지만 숲길을 벗어나면 이내 천연의 풀밭이 나오면서 시야가 갑자기 탁 트이고 사방이 멀리 조망된다. 경사면을 따라 불어오는 그 유명한 제주의 바람이 흐르는 땀을 씻어주어 한여름이라도 더운 줄 모른다. 발길을 옮길 때마다, 한 굽이를 돌 때마다 시야는 점점 넓어지면서 가슴까지 시원하게 열린다. 비록 이삼십 분 거리지만 가파른 경사면을 타고 오르는 등산인지라 다리 힘이 풀린다. 그러나 아무리 힘들다고 엄살을 부리던 사람도 능선이 눈에 들어오면 언제 그랬느냐는 듯 잰걸음으로 달려간다. 마치 눈깔사탕을 끝까지 빨아먹지 못하고 마지막엔 우두둑 깨물어버리는 심리와 흡사하다.

그리하여 오름 정상에 오른 순간, 깊이 115미터의 거대한 분화구가 발아래로 펼쳐진다. 사람들은 너나없이 넋을 잃고 장승처럼 꼿꼿이 서서 굼부리를 내려다보며 자신의 눈을 의심한다. 깔때기 모양의 분화구는 바깥 둘레가 1.5킬로미터다. 깊이는 한라산 백록담과 똑같다고 한다. 세상에 이럴 수가 있단 말인가? 굼부리 굼부리 하더니 이것이 굼부리의 진면목이던가? 신비감을 넘어선 놀라움이며 감히 탄성조차 내뱉을 수 없다. 입안 쪽으로 메어지는 침묵의 탄성이 있을 뿐이다.

* 다랑쉬오름에 대한 이야기는 『나의 문화유산답사기』 7권에서 더 자세히 만날 수 있습니다.

주소

제주 제주시 구좌읍 세화리 산 6

함께 가면 좋은 여행지

용눈이오름, 아부오름, 김영갑갤러리 두모악

참고 누리집

제주관광공사 비짓제주 www.visitjeju.net | 김영갑갤러리 두모악 www.dumoak.com

1 2 3 4
5 6 7 8
9 10 11 12

○ 1주 ○ 2주
○ 3주 ○ 4주
○ 5주

일

월

화

수
목
금
토

(1) (2) (3) (4)
(5) (6) (7) (8)
(9) (10) (11) (12)

○ 1주 ○ 2주
○ 3주 ○ 4주
○ 5주

일

월

화

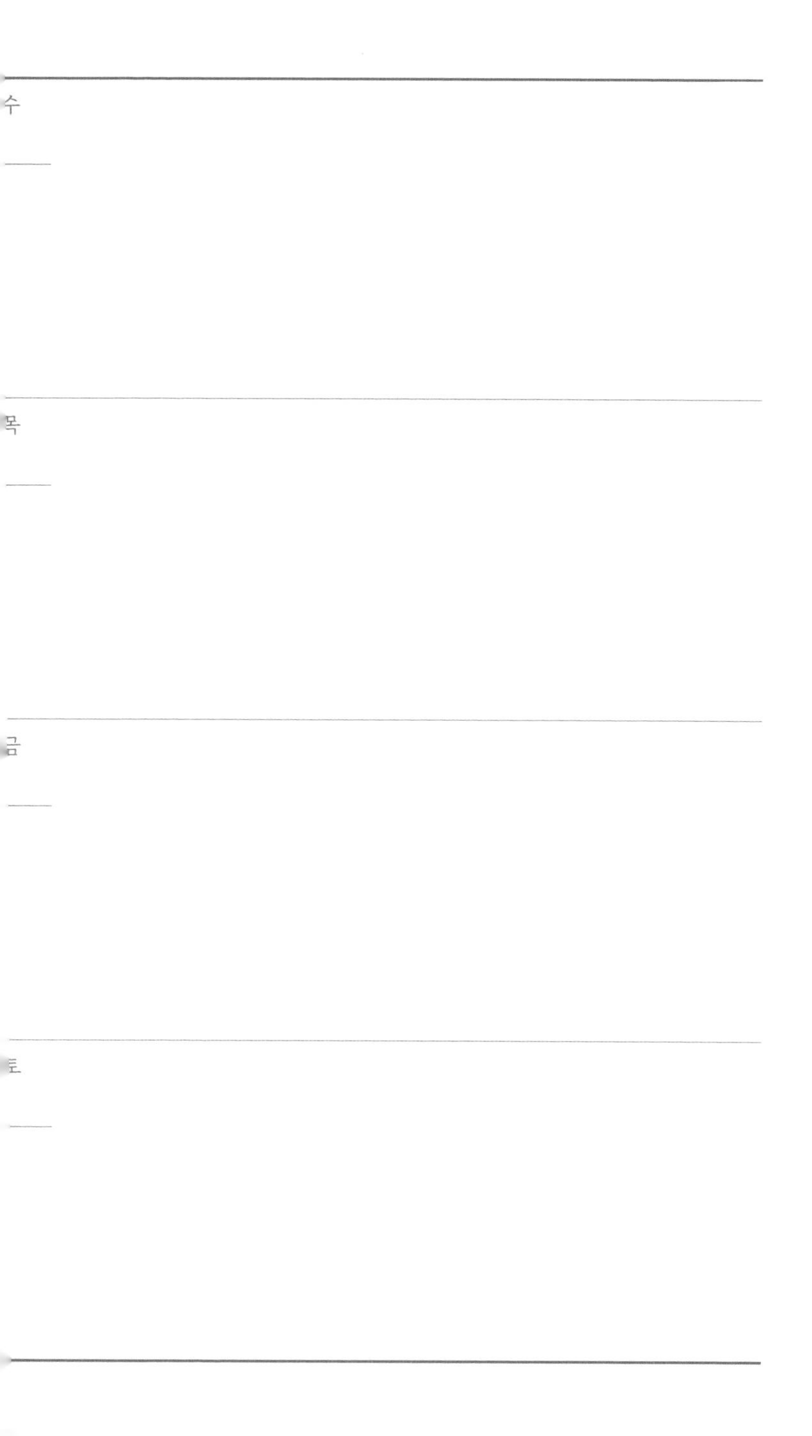
수
목
금
토

1 2 3 4
5 6 7 8
9 10 11 12

○ 1주 ○ 2주
○ 3주 ○ 4주
○ 5주

일

월

화

1 2 3 4
5 6 7 8
9 10 11 12

○ 1주 ○ 2주
○ 3주 ○ 4주
○ 5주

일

월

화

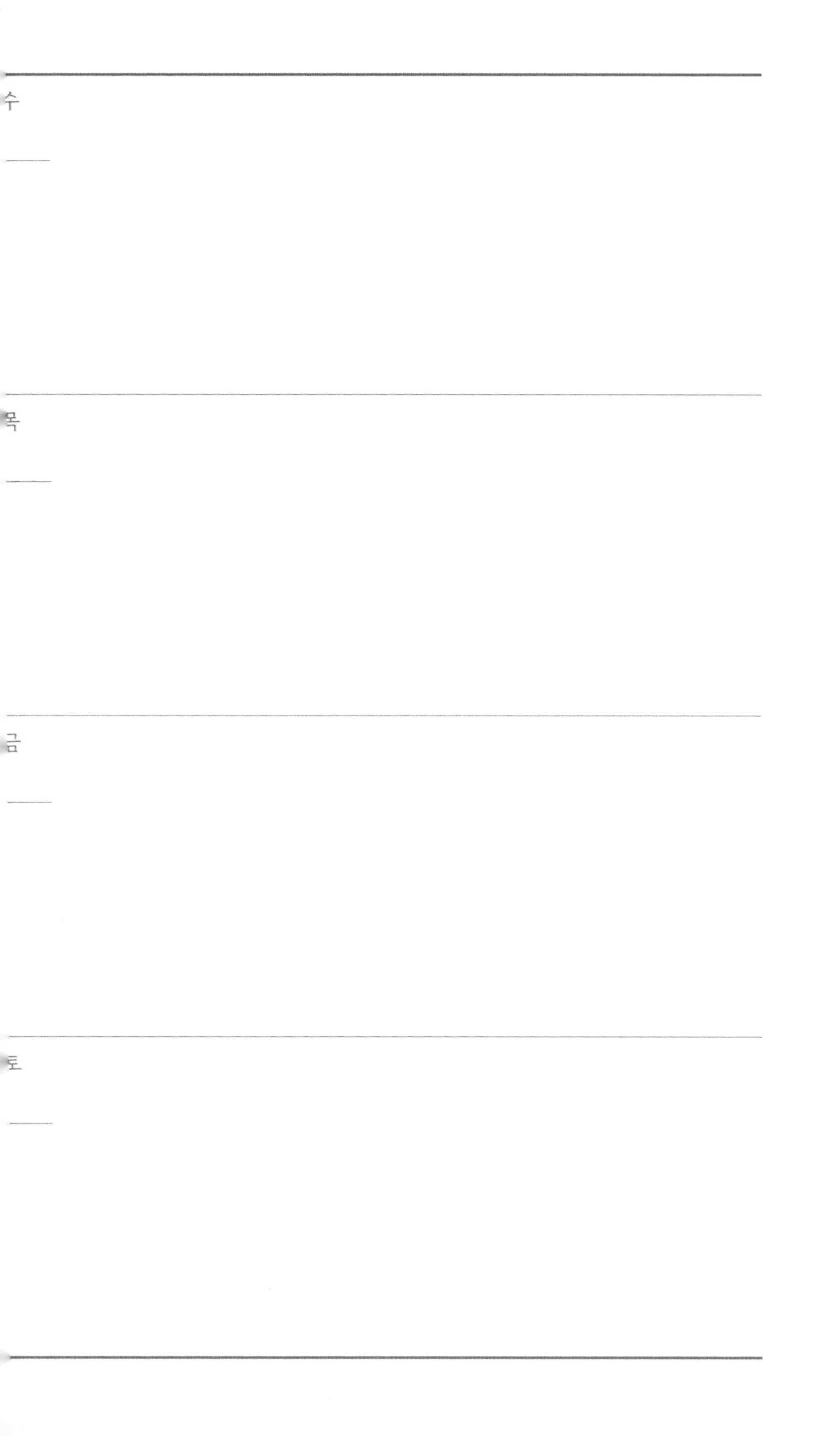
수
목
금
토

①②③④
⑤⑥⑦⑧
⑨⑩⑪⑫

○ 1주 ○ 2주
○ 3주 ○ 4주
○ 5주

일

월

화

수
목
금
토

여행지 이름 :

여행을 떠난 목적 / 목적을 이루었습니까?

여행하며 거쳐간 곳

새롭게 알게 된 사실

오늘의 수확

예상하지 못한 만남

동행했던 사람들

어쩌면 아쉬운 점

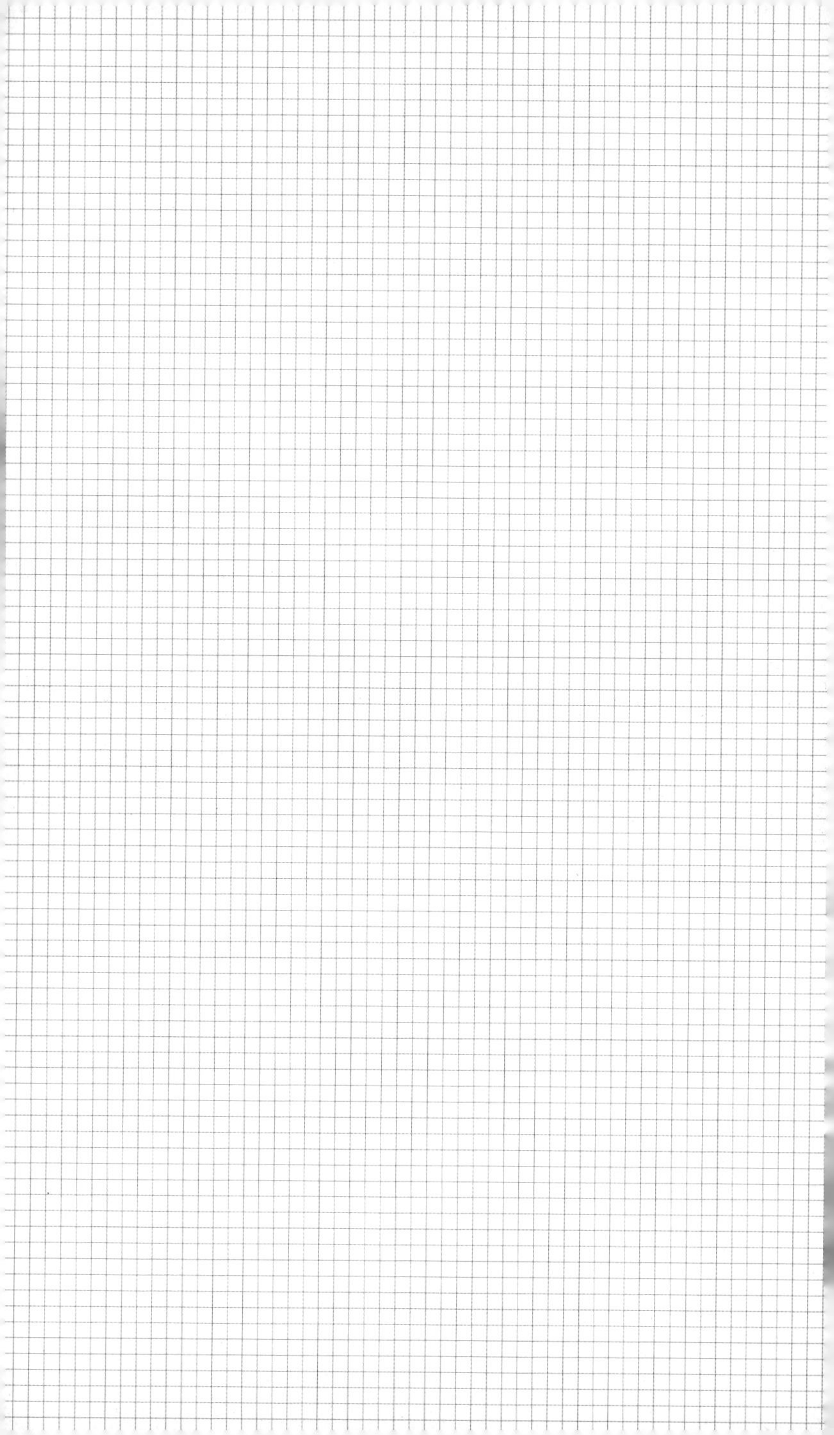

9

가을꽃 필 무렵의 향촌 향기

— 평창 봉평 —

— 정선 정암사 —

일	월	화

수	목	금	토

—

봉평

조용한 시골마을에서
이효석의 잃어버린 고향을 만난다

평창으로 향하기 위해 영동고속도로를 타고 여주, 원주를 거쳐 새말을 지나면 태백산맥의 허리를 지르는 첫 관문으로 둔내를 거친다. 차창 밖 고원지대에 무리지어 있는 낙엽송은 이른봄 여린 새순이 바람에 하늘거릴 때면 그 보드라운 촉감이 닿을 듯한 환상을 일으키고, 한여름에는 어느 나무보다도 싱그러운 푸르름이 줄지어 우산을 쓴 듯 이어지고, 가을날이면 다른 나무보다 늦게 낙엽이 지기 때문에 엷은 윤기를 머금은 황갈색 단풍이 그렇게 오롯하게 보일 수가 없다. 겨울날 눈밭에서는 그 꼿꼿한 자세로 열병식을 벌이는 정연한 자태를 발한다.

둔내터널을 빠져 평창으로 들어간다. 장평로터리를 돌아 이효석 생가 쪽으로 향하면, 봉평마을이 훤히 내다보이는 언덕마루 찻길 한쪽에는 커다란 자연석에 '메밀꽃 필 무렵'이라고 새긴 기념석이 두 그루 잣나무의 호위를 받으며 이 조용한 시골마을 봉평의 입간판이 되고 있다.

기념조각공원에서 왼쪽으로 난 시멘트 농로를 따라 이효석 생가로

이효석 생가의 옛 모습

가는 길로 접어들었을 때 우리는 비로소 그의 문학공간에 들어선 분위기를 가질 수 있다. 개울을 따라 난 길을 가다보면 비탈을 일구어낸 밭에는 감자와 옥수수만 눈에 띄고, 산자락마다 낮은 슬레이트집들이 차지하고 있어서 여지없는 강원도 산골을 느끼게 된다.

봉평마을을 들어가는 길에도 볼 만한 유적이 있다. 그것은 봉산서재와 판관대 그리고 팔석정이다. 장평에서 봉평 쪽으로 들어가다보면 바로 길가에 판관대라는 기념비가 서 있는 것이 보인다. 돌받침에 까만 오석의 비를 세우고 지붕돌을 자연석으로 모자 씌우듯 했다. 판관대는 신사임당의 율곡 이이 잉태지다. 당시 수운판관을 지내고 있던 율곡의 아버지 이원수가 말미를 얻어 이곳 백옥포리에 거주하고 있던 아내 신사임당을 보러 왔다가 그날 밤 율곡을 잉태하게 되는 용꿈을 꾸었던 자리

팔석정

다. 사임당은 그해 강릉 오죽헌으로 가서 율곡을 낳았다.

그 뒤 이 얘기는 궁중에까지 알려져 현종 임금이 사방 십리의 사패지와 영정을 내려주고 봄가을로 제향케 했는데, 1906년에 고을 유생들이 평촌리 덕봉산턱에 서재를 건립한 것이 봉산서재이다. 봉산서재의 건물이야 볼품이 있을 리 만무하지만 울창한 솔밭에 높직이 올라앉아 거기에서 들판을 질러가는 청강의 유유한 흐름과 봉평사람들의 오가는 모습을 내려다보는 것은 피로한 여로의 '군것질' 정도는 된다.

사실 길게 쉴 요량이면 팔석정 쪽이 낫다. 팔석정은 조선시대 명필 봉래 양사언이 강릉부사로 부임하는 길에 들러 이곳 천변의 풍경이 좋아 8일간 머물렀던 곳으로 훗날 이를 기념하여 팔일정을 지었던 곳이라고 한다. 바위에는 양봉래가 썼다는 글씨가 새겨져 있는데 제법 단정하나 양봉래의 웅혼한 초서체와는 거리가 멀다. 팔석정은 길가에서 보아서는 짐작도 되지 않을 만큼 푹 꺼진 천변에 준수한 바위와 소나무가 함께 어울린 작은 명승지다.

* 봉평에 대한 이야기는 『나의 문화유산답사기』 2권에서 더 자세히 만날 수 있습니다.

문화유산

봉산서재, 판관대, 팔석정

함께 가면 좋은 여행지

이효석문학관, 월정사, 오대산

참고 누리집

평창군청 평창문화관광 tour.pc.go.kr | 이효석문학관 www.hyoseok.net

정암사

산자락 가파른 곳
무게감 있게 자리잡은 정선의 쉼터

나의 예사롭지 못한 역마살에서 가장 아름다운 단풍을 본 것은 정암사의 가을날이었다. 정암사는 참으로 고마운 절이고 아름다운 절이다. 여기에 정암사가 있지 않다면 사북과 고한을 지나 답사할 일, 여행 올 일이 있었을 성싶지 않다. 설령 사북과 고한을 일부러 답사한다 치더라도 이처럼 아늑한 휴식처, 쉼터, 마음의 갈무리터가 있고 없음에는 엄청 큰 차이가 있다. 자장율사가 그 옛날에 이 자리를 점지해두신 것이 고맙다.

정암사의 아름다움은 공간배치의 절묘함에 있다. 이 태백산 깊은 산골엔 사실 절집이 들어설 큰 공간이 없다. 모든 산사들이 암자가 아닌 한 계곡 속의 분지에 아늑하고 옴폭하게 때로는 호기있게 앉아 있다. 정암사는 가파른 산자락에 자리잡았으면서도 절묘한 공간배치로 아늑하고, 그윽하고, 호쾌한 분위기를 두루 갖추었다. 무시해서가 아니라 지금 시대 건축가들로서는 엄두도 못 낼 공간운영이다.

정암사는 좁은 절마당을 최대한 활용하기 위하여 모든 전각과 탑까

정암사 전경

지 산자락을 타고 앉아 있다. 마치 제비새끼들이 둥지 주변으로 바짝 붙어 한쪽을 비워두는 것처럼. 절 앞의 일주문에 서면 정면으로 반듯한 진입로가 낮은 돌기와담과 직각으로 만나는데 돌기와담 안으로 적멸궁이 보이고 또 그 너머로 낮은 돌기와담이 보인다. 두어 그루 잘생긴 주목과 담장에 바짝 붙은 은행나무들이 이 인공축조물들의 직선을 군데군데 끊어준다. 그리하여 적멸궁까지의 공간은 얼마 되지 않건만 넓이는 넓어 보이면서도 아늑한 분위기를 동시에 느끼게끔 해준다.

수마노탑

일주문으로 들어서 절 안으로 들어가는 길은 왼편으로 육중한 축대 위에 길게 뻗은 선불도량과 평행선을 긋는다. 그로 인하여 정암사는 들어서는 순간 만만치 않은 절집이라는 인상을 갖게 되는데, 이런 공간배치가 아니었다면 정암사의 장중한 분위기, 절집의 무게는 나오지 않았을 것이다.

선불도량을 끼고 돌면 관음전과 요사채가 어깨를 맞대고 길게 뻗어 있어 우리는 또다시 이 절집의 스케일이 제법 크다는 생각을 갖게 되는데, 관음전 위로는 삼성각과 지장각의 작은 전각이 머리를 내밀고 있어서 뒤가 깊어 보인다. 그러나 정암사의 전각은 이것이 전부다.

절마당을 가로질러 산자락으로 난 돌계단을 따라 오르면 정암사가 자랑하는 유일한 유물인 수마노탑에 오르게 된다. 수마노탑까지는 적당한 산보길이지만 탑에 올라 일주문 쪽을 내려다보면 무뚝뚝한 강원도 산자락들이 겹겹이 펼쳐진다. 자못 호쾌한 기분이든다. 수마노탑은 전형적인 전탑양식인데 그 재료가 전돌이 아니고 마노석으로 된 것이 특색이다. 마노석은 예부터 고급 석재다. 고구려의 담징이 일본에 갔을 때 일본사람들이 이 위대한 장공에게 큰 맷돌을 하나 깎아달라고 준비한 돌이 마노석이었다고 한다. 그런데 이 탑에 물 수(水)자가 하나 더 붙어 수마노로 된 것은 자장율사가 중국에서 귀국할 때 서해 용왕을 만났는데 그때 용왕이 무수한 마노석을 배에 실어 울진포까지 운반한 뒤 다시 신통력으로 태백산(갈래산)에 갈무리해두었다가 장차 불탑을 세울 때 쓰는 보배가 되게 하였다는 전설과 함께 생긴 것이다. 즉 물길을 따라온 마노석이라는 뜻이다. 그러나 자장이 쌓았다는 원래의 수마노탑 모습은 알 수 없고 지금의 탑은 1653년에 중건된 것을 1972년에 완전 해체 복원한 것이다.

* 정암사에 대한 이야기는 『나의 문화유산답사기』 2권에서 더 자세히 만날 수 있습니다.

주소
강원도 정선군 고한읍 함백산로 1410

문화유산
정암사 수마노탑(국보 제332호), 정암사 열목어 서식지(천연기념물 제73호), 정암사 적멸보궁(강원도 문화재자료 제32호)

함께 가면 좋은 여행지
여랑 아우라지, 병방치 전망대, 장릉, 청령포

참고 누리집
정암사 www.jungamsa.com | 정선군청 정선여행 www.jeongseon.go.kr/tour

① ② ③ ④
⑤ ⑥ ⑦ ⑧
⑨ ⑩ ⑪ ⑫

○ 1주 ○ 2주
○ 3주 ○ 4주
○ 5주

일

월

화

수
목
금
토

1 2 3 4
5 6 7 8
9 10 11 12

○ 1주 ○ 2주
○ 3주 ○ 4주
○ 5주

일

월

화

수
목
금
토

1 2 3 4
5 6 7 8
9 10 11 12

○ 1주 ○ 2주
○ 3주 ○ 4주
○ 5주

일

월

화

수
목
금
토

1 2 3 4
5 6 7 8
9 10 11 12

○ 1주 ○ 2주
○ 3주 ○ 4주
○ 5주

일

월

화

수
목
금
토

1 2 3 4
5 6 7 8
9 10 11 12

○ 1주 ○ 2주
○ 3주 ○ 4주
○ 5주

일

월

화

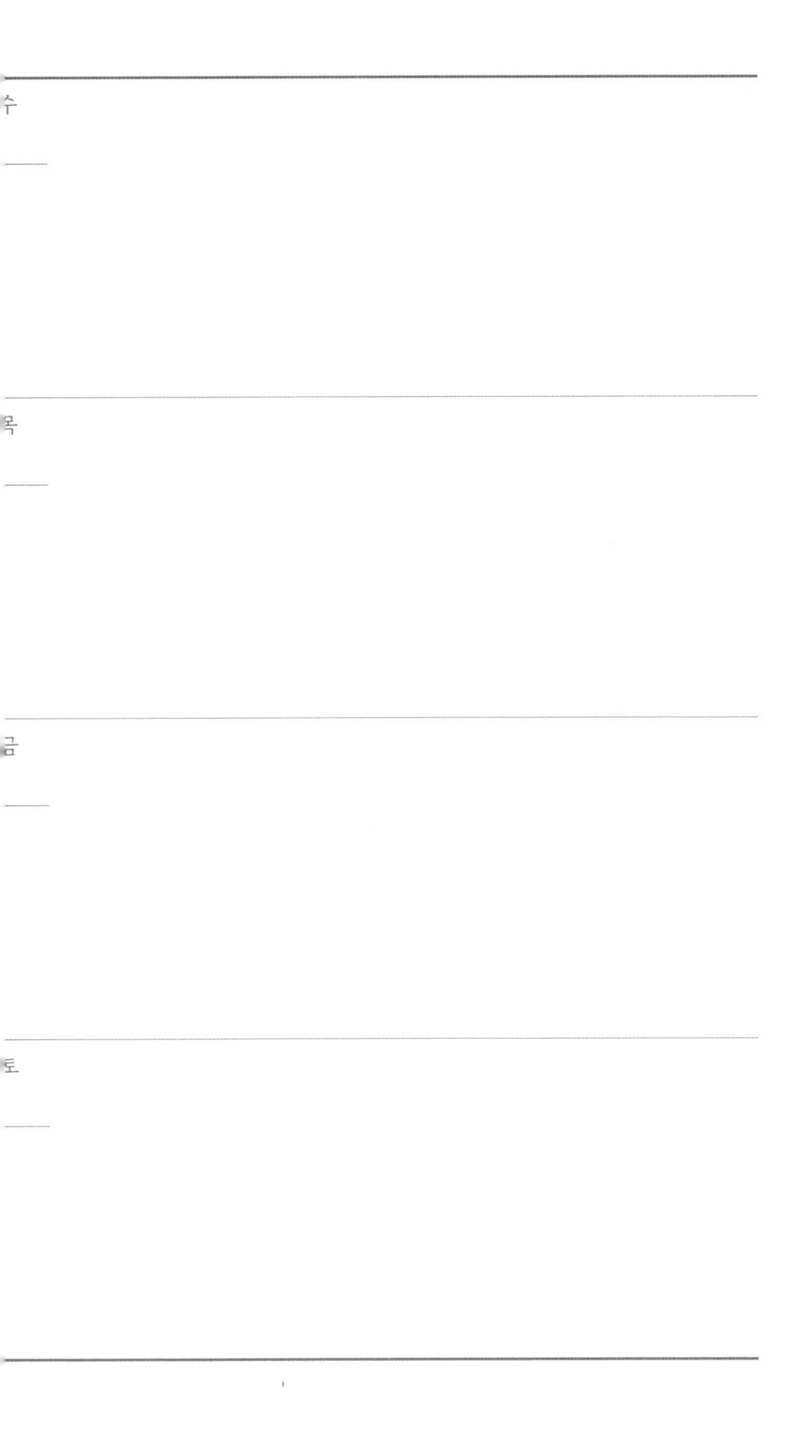
수
목
금
토

여행지 이름 :

여행을 떠난 목적 / 목적을 이루었습니까?

여행하며 거쳐간 곳

새롭게 알게 된 사실

오늘의 수확

예상하지 못한 만남

동행했던 사람들

어쩌면 아쉬운 점

10

순례자의 발길을 붙드는 사색의 길

— 영주 부석사 —

— 양양 선림원터 —

일	월	화

수	목	금	토

부석사

자연과 건축이 제자리를 지키며 조화하는 최고의 문화유산

영주 부석사는 우리나라에서 가장 아름다운 절집이다. 그러나 아름답다는 형용사로는 부석사의 장쾌함을 담아내지 못하며, 장쾌하다는 표현으로는 정연한 자태를 나타내지 못한다. 부석사는 오직 한마디, 위대한 건축이라고 부를 때만 그 온당한 가치를 받아낼 수 있다.

부석사의 아름다움은 모든 길과 집과 자연이 무량수전을 위해 제자리에서 제 몫을 하고 있는 절묘한 구조와 장대한 스케일에 있는 것이다. 부석사를 창건한 의상대사가 「법성게」에서 말한바 "모든 것이 원만하게 조화하여 두 모습으로 나뉨이 없고, 하나가 곧 모두요 모두가 곧 하나됨"이라는 원융의 경지를 보여주는 가람배치가 부석사인 것이다. 그러니까 부석사는 곧 저 오묘하고 장엄한 화엄세계의 이미지를 건축이라는 시각매체로 구현한 것이다.

부석사 매표소에서 표를 끊고 절집을 향하면 느릿한 경사면의 비탈길이 곧바로 일주문까지 닿아 있다. 길 양옆엔 은행나무 가로수, 가로수

부석사로 오르는 은행나무 가로수길

건너편은 사과밭이다. 여기서 천왕문까지는 1킬로미터가 넘으니 결코 짧은 거리가 아니지만 급한 경사가 아닌지라 힘겨울 바가 없으며 일주문이 눈앞에 들어오니 거리를 가늠할 수 있기에 느긋한 걸음으로 사위를 살피며 마음의 가닥을 잡을 수 있다. 별스러운 수식이 있을 리 없는 이 부석사 진입로야말로 현대인에게 침묵의 충언과 준엄한 꾸짖음 그리고 포근한 애무의 손길을 던져주는 조선 땅 최고의 명상로라고 나는 생각하고 있다.

부석사 진입로의 이 비탈길은 사철 중 늦가을이 가장 아름답다. 가로수 은행나무잎이 떨어져 샛노란 낙엽이 일주문 너머 저쪽까지 펼쳐질 때 그 길은 순례자를 맞이하는 부처님의 자비로운 배려라는 생각이 들기도 한다.

극락세계를 주재하는 아미타여래의 상주처인 무량수전 건물은 1016

부석사 무량수전

년, 고려 현종 7년, 원융국사가 부석사를 중창할 때 지은 집으로 창건연대가 확인된 목조건축 중 가장 오랜 것이다. 정면 5칸에 측면 3칸 팔작지붕으로 주심포집인데 공포장치는 아주 간결하고 견실하게 짜여 있어 필요미(必要美)의 극치를 보여준다. 기둥에는 현저한 배흘림이 있어 규모에 비해 훤칠한 느낌을 준다.

무량수전 건축의 아름다움은 외관보다도 내관에 더 잘 드러나 있다. 건물 안의 천장을 막지 않고 모든 부재들을 노출시킴으로써 기둥, 들보, 서까래 등의 얼키설키 엮임이 리듬을 연출하며 공간을 확대시켜주는 효과는 우리 목조건축의 큰 특징이다. 그래서 외관상으로는 별로 크지 않은 듯한 집도 내부로 들어서면 탁 트인 공간 속에 압도되는 스케일의 위용을 느끼게 되는 것이다. 무량수전은 특히나 예의 배흘림기둥들이 훤칠하게 뻗어 있어 눈맛이 사뭇 시원한데 결구방식은 아주 간결하여 강약의 리듬이 한눈에 들어온다.

부석사의 절정인 무량수전은 그 건축의 아름다움보다도 무량수전이 내려다보고 있는 경관이 장관이다. 바로 이 장쾌한 경관이 한눈에 들어오기에 무량수전을 여기에 건립한 것이며, 앞마당 끝에 안양루를 세운 것도 이 경관을 바라보기 위함이다. 안양루에 오르면 발아래로는 부석사 당우들이 낮게 내려앉아 마치도 저마다 독경을 하고 있는 듯한 자세인데, 저 멀리 산은 멀어지면서 소백산맥 연봉들이 남쪽으로 치달리는 산세가 일망무제로 펼쳐진다.

* 부석사에 대한 이야기는 『나의 문화유산답사기』 2권에서 더 자세히 만날 수 있습니다.

주소
경상북도 영주시 부석면 부석사로 345

문화유산
부석사 무량수전(국보 제18호), 부석사 무량수전 앞 석등(국보 제17호), 부석사 조사당(국보 제19호), 부석사 조사당 벽화(국보 제46호), 부석사 소조여래좌상(국보 제45호)

함께 가면 좋은 여행지
읍내리 벽화고분, 소수서원, 금성단, 성혈사, 단산면 갈참나무, 오록마을

참고 누리집
부석사 www.pusoksa.org | 영주시청 영주문화관광 tour.yeongju.go.kr

선림원터

하늘 아래 끝동네에서 만나는
옛 절터의 비장함

선림원터는 행정구역상 양양군 서면 황이리에 있지만 실제는 양양군·인제군·홍천군·강릉시와 경계선을 맞대고 있는 곳으로 설악산과 오대산 사이의 움푹 꺼진 곳인데, 이 동네 사람들은 스스로 '하늘 아래 끝동네'라고 말하고 있다. 지금은 새 길이 뚫려 더 이상 하늘 아래 끝동네가 아니지만 예전에는 그 처연한 이름에 걸맞은 캄캄한 골짜기였다.

56번 국도상의 마을들은 육중한 산세에 뒤덮여 있어 해는 늦게 떠서 일찍 져버리고 낮이라 해야 몇 시간 되지도 않는다. 화전밭에 갈아먹을 것이라고는 감자와 옥수수뿐이다. 문명의 혜택이 가장 적게, 그리고 가장 늦게 미치는 곳이다. 마을 이름도 아랫황이리·연내골·빈지골·왕승골·명개리…… 짙은 향토적 서정이 배어 있다. 이 고장 사람들은 서로가 하늘 아래 끝동네에 산다고 말한다.

'하늘 아래 끝동네', 그것은 반역의 자랑이다. 지리산 뱀사골 달궁마을 너머 해발 900미터 되는 곳에 있는 심원마을 사람들이 '하늘 아래

선림원터 가는 길

첫동네'라며 역설의 자랑을 펴는 것보다 훨씬 정직하고 숙명적이며 비장감과 허망이 감돈다.

그 하늘 아래 끝동네에서 끝번지 되는 곳에 선림원터가 있다. 56번 국도상의 황이리에서 하차하여 동쪽을 바라보고 응복산 만월봉에서 내려오는 미천계곡을 따라 40여 분 걸어가면 선림원터가 나온다. 군사도로로 잘 다듬어진 길인지라 하늘 아래 끝동네에 온 기분이 덜하지만, 길가엔 향신제로 이름난 산초나무가 유난히 많고 산비탈 외딴집에는 토종꿀 재배통이 늘어서 있어 오염되지 않은 자연의 비경에 취해 결코 가깝지 않은 이 길을 피곤한 줄 모르고 행복하게 걷게 한다. 미천계곡은 맑다 못해 투명하며 늦가을 단풍이 계곡 아래까지 절정을 이룰 때면 그 환상의 빛깔을 남김없이 받아내곤 한다.

선림원터 삼층석탑

선림원터는 미천계곡이 맴돌아가는 한쪽 편에 산비탈을 바짝 등에 지고 자리잡고 있다. 그 터가 절집이 들어서기엔 너무 좁다는 생각이 드는데 이곳 하늘 아래 끝동네에는 그보다 넓은 평지를 찾아볼 길도 없다. 그렇다면 선림원은 그 이름이 풍기듯 중생들의 기도처가 아니라 스님들의 수도처였던 모양이며, 바로 그 지리적 조건 때문에 어느 날 산사태로 통째로 흙에 묻혀버린 슬픈 역사를 간직하게 된 것이다.

복원된 삼층석탑의 구조와 생김새는 진전사탑과 거의 비슷하다. 다만 선림원탑이 훨씬 힘찬 기상을 보여준다. 그리고 선림원이 세워질 때 범종 하나가 주조되었는데, 선림원이 무너질 때 땅에 묻혀버렸다가 1948년 10월, 해방공간의 어수선한 정국에 발굴되었다. 절을 지으면서 만들었다는 조성내력과 절대연대가 새겨져 있는 이 종은 상원사 범종·에밀레종과 함께 통일신라 범종을 대표하는 기념비적 유물이었다. 발굴된 선림원의 범종을 돌볼 이 없는 이곳에 방치할 수 없어 오대산 월정사로 옮겨놓았다. 그리고 2년이 채 못되어 6·25동란이 터졌다. 오대산은 치열한 전투지로 변하였고 인민군에 밀리던 국군이 월정사에 주둔하게 되었다. 그러나 동부전선이 불리하여 낙동강까지 후퇴하기에 이르자 국군은 퇴각하면서 인민군이 주둔할 가능성이 있는 양양 낙산사와 이곳 월정사에 불을 질렀다. 그때 낙산사와 월정사는 석탑들만 남긴 채 폐허가 되었고 선림원의 범종은 불에 타 녹아버린 것이다.

* 선림원터에 대한 이야기는 『나의 문화유산답사기』 1권에서 더 자세히 만날 수 있습니다.

주소

강원도 양양군 서면 서림리 424번지

문화유산

선림원터 삼층석탑(보물 444호), 선림원터 석등(보물 445호), 선림원터 홍각선사탑비(보물 446호), 선림원터 승탑비(보물 447호)

함께 가면 좋은 여행지

진전사터, 낙산사

참고 누리집

양양군청 양양관광 tour.yangyang.go.kr | 낙산사 www.naksansa.or.kr

1 2 3 4
5 6 7 8
9 10 11 12

○ 1주 ○ 2주
○ 3주 ○ 4주
○ 5주

일

월

화

수

목

금

토

① ② ③ ④
⑤ ⑥ ⑦ ⑧
⑨ ⑩ ⑪ ⑫

○ 1주 ○ 2주
○ 3주 ○ 4주
○ 5주

일

월

화

수
목
금
토

(1) (2) (3) (4)
(5) (6) (7) (8)
(9) (10) (11) (12)

○ 1주 ○ 2주
○ 3주 ○ 4주
○ 5주

일

월

화

수
목
금
토

1 2 3 4

5 6 7 8

9 10 11 12

○ 1주 ○ 2주

○ 3주 ○ 4주

○ 5주

일

월

화

수
목
금
토

1 2 3 4
5 6 7 8
9 10 11 12

○ 1주 ○ 2주
○ 3주 ○ 4주
○ 5주

일

월

화

수
목
금
토

여행지 이름 :

여행을 떠난 목적 / 목적을 이루었습니까?

여행하며 거쳐간 곳

새롭게 알게 된 사실

오늘의 수확

예상하지 못한 만남

동행했던 사람들

어쩌면 아쉬운 점

11

고려청자 백학 머리의 붉은빛 점처럼

— 경주 감은사터 —

— 안동 봉정사 —

일	월	화

수	목	금	토

감은사터

통일신라의 힘찬 의지가 담겨 있는 절터

우리나라에서 가장 아름다운 길은 어디일까? 남원에서 섬진강을 따라 곡성·구례로 빠지는 길, 양수리에서 남한강 줄기를 타고 양평으로 뻗은 길, 풍기에서 죽령 너머 구단양을 거쳐 충주댐을 끼고 도는 길. 어느 것이 첫째고 어느 것이 둘째인지 가늠하기 힘들 것이다. 그런 중에서 내가 잊을 수 없는 아름다운 길은 경주에서 감은사로 가는 길, 흔히 말하는 감포가도다.

경주에서 토함산 북동쪽 산자락을 타고 황룡계곡을 굽이굽이 돌아 추령고개를 넘어서면 대종천과 수평으로 뻗은 넓은 들판길이 나오고 길은 곧장 동해바다 용당포 대왕암에 이른다. 불과 30킬로미터의 짧은 거리이지만 이 길은 산과 호수, 고갯마루와 계곡, 넓은 들판과 강, 그리고 무엇보다도 바다가 함께 어우러진 조국강산의 모든 아름다움의 전형을 축소하여 보여준다. 어느 계절인들 마다하리요마는 늦게야 가을이 찾아오는 이곳 11월 중순의 감포가도는 우리나라에서 첫째, 둘째는

감은사터 전경

아닐지 몰라도 최소한 빼놓을 수 없는 아름다운 길이다.

만약에 감은사 답사기를 내 맘대로 쓰는 것을 편집자가 조건 없이 허락해준다면 나는 원고지 처음부터 끝까지 이렇게 쓰고 싶다. "아! 감은사, 감은사탑이여. 아! 감은사, 감은사탑이여. 아! 감은사…" 감은사에 한번이라도 다녀온 분은 나의 이런 심정을 충분히 이해해줄 것이고, 또 거기에 다녀온 다음에는 모두 내게 공감할 것이 분명하다.

문무대왕은 생전에 이곳 경주로 통하는 동해 어귀에 절을 짓고 싶어 했으나 680년 세상을 떠나게 되므로 그 뜻을 이루지 못하였다. 그리하여 그의 아들 신문왕은 부왕의 뜻을 이어받아 즉위 이듬해에 완공하고는 부왕의 큰 은혜에 감사한다는 뜻으로 감은사라 하였다. 신문왕은 문무대왕이 죽어 용이 되어 여기를 지키겠다는 유언에 따라 감은사 금당 구들장 초석 한쪽에 용이 드나들 수 있는 구멍을 만들어놓았는데, 그것

감은사터 삼층석탑

을 지금 감은사터 초석에서도 볼 수 있다.

감은사의 가람배치는 정연한 쌍탑일금당으로 모든 군더더기 장식은 배제하였다. 이것은 이후 불국사에서도 볼 수 있는 가람배치의 모범을 보인 것이다. 또 여기에 세워진 한 쌍의 삼층석탑, 이 감은사탑은 이후 통일신라에 유행하는 삼층석탑의 시원을 보여주는 것으로 그것의 조형적 발전은 불국사 석가탑에서 절정에 달하게 된다.

감은사를 조영하던 정신은 통일된 새 국가의 건설이라는 힘찬 의지의 반영이었으니 장중하고, 엄숙하고 안정되며, 굳센 의지의 탑을 원했다. 그 조건을 충족시키려면 상승감과 안정감이 동시에 살아나야 한다. 그러나 상승감과 안정감은 서로 배치되는 미감이다. 상승감이 살아나면 안정감이 약해지고, 안정감이 강조되면 상승감이 죽는다. 그것을 결합할 수 있는 방법, 그것은 기단과 몸체의 확연한 분리, 그리고 기단부의 강조에서 안정감을 취하고, 몸체의 경쾌한 체감률에서 상승감을 획득하는 이른바 이성기단(二成基壇)의 삼층석탑으로 결론을 얻게 된 것이다.

기단을 상하 두 단으로 튼실하게 쌓고, 몸체는 일층을 시원스럽게 올려놓고는 이층, 삼층을 점점 좁혀서 상륜부 끝으로 이르는 상승의 시각을 유도하는 것이었다. 상륜부 끝에서 삼층, 이층, 일층의 몸체 지붕돌과 기단부의 끝모서리를 그으면 80도의 경사를 이루는 일직선이 되었으니 여기서는 기단부가 튼실함에도 상승감이 조금도 약화되지 않았다. 이것이 삼층석탑 형식의 기본 골격이 된 것이었다. 삼층석탑, 그것은 진짜로 위대한 탄생이었던 것이다.

* 감은사터에 대한 이야기는 『나의 문화유산답사기』 1권에서 더 자세히 만날 수 있습니다.

주소

경상북도 경주시 문무대왕면 용당리 17

문화유산

감은사터 동·서 삼층석탑(국보 제112호)

함께 가면 좋은 여행지

불국사, 석굴암, 장항리 절터, 문무대왕릉, 이견대

참고 누리집

경주시청 경주문화관광 www.gyeongju.go.kr/tour | 신라역사과학관 www.sasm.or.kr
불국사 www.bulguksa.or.kr | 석굴암 www.sukgulam.org

봉정사

가장 오래된 목조건물을 품은
가을여행의 명소

만추의 안동, 참나무 갈색 낙엽이 단색조로 차분히 누렇게 물들고 있을 때면 노랗게 물든 은행잎에 햇살이 부서지며 밝은 광채를 발하고 누구하나 따갈 이 없는 늙은 감나무에 홍시가 빠알갛게 익어 그 가을빛은 더할 수 없는 아름다움을 자랑한다.

봉정사가 세상에 이름 높은 것은 현존하는 목조건물 중 가장 오래된 집인 극락전이 있기 때문이다. 이로 인하여 안동은 절집에 있어서도 목조건축의 보고라고 당당히 말할 수 있게 되었다. 봉정사 극락전의 간결하면서도 강한 아름다움은 내부에서 더 잘 보여준다. 곱게 다듬은 기둥들이 모두 유려한 곡선의 배흘림을 하고 있는데 낱낱 부재와 연등천장이 남김없이 다 드러나면서 뻗고 걸치고 얽힌 결구들이 이 집의 견고성을 과시하듯 단단히 엮여 있다. 그리고 곳곳에 화려한 복화반 받침이 끼여 있어 가벼운 리듬과 변화를 일으킨다.

이 집의 또 다른 매력은 지붕이 높지 않고 낮게 내려앉아 안정감을 줄

봉정사 극락전

뿐 아니라 아주 야무진 맛을 풍긴다는 점이다. 그것은 이 건물의 측면관에도 잘 나타나 있지만 무엇보다도 내부에서 정확히 관찰된다. 이 집은 9량집으로 되어 있으면서도 9량집 건물이라면 가운데에 들어앉아야 할 네 개의 높은 기둥 중 앞쪽 두 개를 생략했다. 그래서 내부공간이 아주 넓고 시원해 보인다. 그러나 앞쪽 고주가 생략된 만큼 대들보는 뒤쪽 고주로 직접 연결하지 않으면 안 된다. 그 높이에 차이가 있으므로 이것을 어떤 식으로든 처리하지 않으면 안 되는 구조상의 문제가 생기는데 그것을 아주 슬기롭고 멋있게 해결했다.

봉정사에는 극락전 말고도 국가지정 문화재로 대웅전, 화엄강당, 고금당이 있으니 낱낱 건물의 가치와 중요성은 강조하지 않아도 알 수 있

봉정사 대웅전 아미타설법도 출처: 국가문화유산포털

을 것이다. 그러나 봉정사가 봉정사일 수 있는 것은 낱낱 건물 자체보다도 그 건물을 유기적으로 포치한 가람배치의 슬기로움에 있다.

봉정사는 결코 큰 절이 아니다. 그러나 봉정사는 정연한 건물 배치로 우리나라에서 가장 단정하고 고풍스러운 아름다움을 보여주는 산사가 되었다. 봉정사는 불국사처럼 대웅전과 극락전이라는 두 곳의 주전을 갖고 있고 각각의 전각이 독자적인 분위기를 장악하고 있어서 이 두 공간의 병렬적 배치가 봉정사에 다양성과 활기를 부여한다.

봉정사 답사는 요사채 뒤쪽 산자락에 자리잡은 영산암까지 다녀와야 제맛을 알게 된다. 영산암은 영화 「달마가 동쪽으로 간 까닭은」을 촬영한 곳으로 유명한 암자인데 거기가 참선방인지라 누가 일러주는 일도 없어 그냥 지나쳐버리는 이들이 많아 안타깝다. 영산암은 안에 들어가지 않고 낮은 돌담 너머로 안마당을 구경하는 것만으로도 즐겁고 뜻깊은 답사가 될 수 있다. 이 마당은 굴곡과 표정이 많아서 대웅전이나 극락전과는 전혀 다른 느낌을 갖게 된다. 일부러 가산을 만들고 거기에 괴석과 굽은 소나무를 심고 여름꽃도 갖가지, 관상수도 갖가지다. 툇마루도 있고 누마루도 있고 넓은 정자마루도 있으며 뒤뜰로 이어지는 숨은 공간도 많다. 뭔가 부산스럽고 분주하면서 그런 가운데 질서와 묘미를 찾으려고 한 흔적이 역연하다. 마당을 눈여겨볼 줄 알 때 비로소 한옥을 제대로 보았다고 말할 수 있을 정도로 우리 건축의 정수는 마당에 있다.

* 봉정사에 대한 이야기는 『나의 문화유산답사기』 3권에서 더 자세히 만날 수 있습니다.

주소

경상북도 안동시 서후면 봉정사길 222

문화유산

봉정사 극락전(국보 제15호), 봉정사 대웅전(국보 제311호), 봉정사 화엄강당(보물 제448호), 봉정사 고금당(보물 제449호)

함께 가면 좋은 여행지

하회마을, 도산서원

참고 누리집

봉정사 www.bongjeongsa.org | 안동시청 안동관광 www.tourandong.com
하회마을 www.hahoe.or.kr | 도산서원 www.dosanseowon.com

1 2 3 4
5 6 7 8
9 10 11 12

○ 1주 ○ 2주
○ 3주 ○ 4주
○ 5주

일

월

화

수
목
금
토

1 2 3 4
5 6 7 8
9 10 11 12

○ 1주 ○ 2주
○ 3주 ○ 4주
○ 5주

일

월

화

수
목
금
토

① ② ③ ④
⑤ ⑥ ⑦ ⑧
⑨ ⑩ ⑪ ⑫

○ 1주 ○ 2주
○ 3주 ○ 4주
○ 5주

일

월

화

수
목
금
토

① ② ③ ④
⑤ ⑥ ⑦ ⑧
⑨ ⑩ ⑪ ⑫

○ 1주 ○ 2주
○ 3주 ○ 4주
○ 5주

일

월

화

수

목

금

토

1 2 3 4
5 6 7 8
9 10 11 12

○ 1주 ○ 2주
○ 3주 ○ 4주
○ 5주

일

월

화

수
목
금
토

여행지 이름 :

여행을 떠난 목적 / 목적을 이루었습니까?

여행하며 거쳐간 곳

새롭게 알게 된 사실

오늘의 수확

예상하지 못한 만남

동행했던 사람들

어쩌면 아쉬운 점

12

그곳으로 가는 길

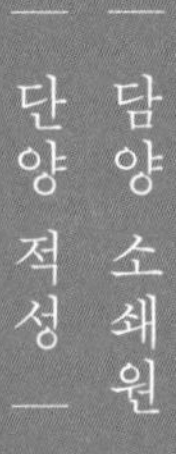

— 담양 소쇄원 —

— 단양 적성 —

출처: 문화체육관광부 해외문화홍보원

일	월	화

수	목	금	토

소쇄원

조선시대 원림에서 만나는
자연과 인공의 행복한 조화

무등산 북쪽 기슭과 맞대고 있는 담양군 고서면과 봉산면 일대에는 참으로 많은 누각과 정자 그리고 원림 들이 곳곳에 자리잡고 있다. 이 답사코스는 조선시대 조원의 아름다움을 맛볼 수 있는 황금코스이며, 이른바 조선시대 호남가단이라 불리는 가사문학의 본고장이니 국문학도들에게는 필수의 답사코스가 된다.

원림은 일종의 정원이라고 해야겠는데 정원이 일반적으로 도심 속의 주택에서 인위적인 조경작업을 통하여 동산의 분위기를 연출한 것이라면, 원림은 교외에서 동산과 숲의 자연상태를 그대로 조경으로 삼으면서 적절한 위치에 집칸과 정자를 배치한 것이다. 그러니까 정원과 원림에서 자연과 인공의 관계는 정반대로 된다. 우리가 찾아갈 소쇄원은 정원이 아니라 원림이다.

전라남도 담양군 남면 지곡리, 광주광역시 무등산 북쪽 산자락과 마주한 이 동네에는 증암천이라는 제법 큰 냇물이 저 아래쪽 광주댐의 너

소쇄원 광풍각

른 호수로 흘러들어간다. 이 지곡리 일대에는 소쇄원, 식영정, 환벽당, 취가정이 냇물 좌우 언덕에 자리잡아 서로가 서로를 마주보고, 비껴보고 있으니 이 유서깊은 동네의 풍광을 내가 자세히 묘사하지 않아도 단박에 느낄 수 있으리라 믿는다. 그중에서도 소쇄원은 현존하는 우리나라 원림 중에서 단연코 으뜸이라 할 것이다.

소쇄원을 조영한 분은 양산보(1503~57)였다. 양산보의 본관은 제주, 자는 언진이라 했으며 연산군 9년에 이곳에서 양사원의 세 아들 중 장남으로 태어났다. 15세 되던 1517년에 아버지를 따라 서울로 올라가 정암 조광조의 문하생이 되었다가 기묘사화가 일어난 뒤 낙향했다. 조광조는 결국 사약을 받아 죽었으며 이후 양산보는 두문불출하고 55세로 일생을 마칠 때까지 고향에서 은일자적한 삶을 보내게 되었다. 그렇게 은일하면서 조성한 곳이 이곳 소쇄원이다.

소쇄원 계곡

소쇄원 원림은 현재 1,400평. 계곡을 낀 야산에 조성되었다. 이 원림의 마스터플랜은 양산보가 어린 시절에 미역 감으며 뛰놀았다는 너럭바위로 흐르는 계곡이 갑자기 골이 깊어지면서 작은 폭포와 못을 이루는 부분을 중심으로 삼았다. 그 옆에 '광풍각'이라는 정자를 짓고, 위쪽 양지바른 곳에는 사랑채와 서재를 겸한 '제월당'을 세웠다. 또한 지석촌 마을과는 기와를 얹은 흙돌담을 ㄱ자로 돌려 차단하고, 한쪽에는 화단을 2단으로 쌓아 매화와 꽃가지를 심은 '매대'를 설치하였다.

계곡의 자연스런 흐름에 인공을 가하여 못을 넓히고 물살의 방향을

나무홈통으로 바꾸어 수차를 돌리기도 하며 물확을 만들어 물고기들이 항시 거기에 모이게도 하였다. 여름날에 시원스런 벽오동과 목백일홍, 봄날에 아름다운 꽃이 피는 매화와 복사나무, 가을날 단풍이 진하게 물드는 단풍나무가 적절히 배치되어 계절의 빛깔까지 맞추었으니 그 조원의 공교로움을 나는 이루 다 묘사할 수가 없다. 소쇄원 원림은 결국 자연의 풍치를 그대로 살리면서 곳곳에 인공을 가하여 자연과 인공의 행복한 조화공간을 창출한 점에 그 미덕이 있는 것이다. 그러나 나는 소쇄원의 겨울을 더 좋아한다.

어느 눈이 많이 내린 섣달 스무날, 나는 처음으로 문화유산답사의 인솔자가 되어 그림 그리는 친구와 후배 그리고 젊은 미술학도들을 이끌고 남도를 순례하는 첫 기착지로 소쇄원에 들렀다. 그때 나의 답사팀 모두는 소쇄원 입구 대밭으로 들어서는 순간 집단적으로 탄성을 질렀다. 천지가 하얗게 눈으로 덮인 세상에 대밭만이 의연히 청정한 푸른빛을 발하고 있음에 대한 감동이었을 것이다. 대나무가 겨울에도 푸르다는 것이야 모를 리 있었으리요마는 모두가 상상을 초월하는 이 황홀한 실경에 감복한 것이었다. 그때의 기억을 나는 잊지 못한다.

* 소쇄원에 대한 이야기는 『나의 문화유산답사기』 1권에서 더 자세히 만날 수 있습니다.

주소

전라남도 담양군 가사문학면 소쇄원길 17

함께 가면 좋은 여행지

석영정, 환벽당, 취가정, 명옥헌, 한국가사문학관

참고 누리집

소쇄원 www.soswaewon.co.kr | 담양군 담양문화관광 tour.damyang.go.kr
한국가사문학관 www.gasa.go.kr

적성

삼국시대 역사를 만날 수 있는 단양의 명승

단양의 정체성은 구단양에 있다. 단양향교도 여기에 있고, 단양의 옛 이름이기도 한 적성(赤城)의 산성에는 신라 진흥왕 때 세운 '단양 신라 적성비'가 있다. 적성대교 건너편 남한강변 수양개에는 구석기시대 유적지가 있고 죽령도 구단양에서 시작된다. 최소한 단양 적성은 다녀와야 단양을 답사했다고 할 수 있다.

적성이 있는 성산(성재산)은 구단양의 뒷산으로 수몰이주기념관에서 위쪽으로 난 산길을 따라 15분 정도 올라가면 정상에 다다를 수 있다. 구단양 주민들이 산책 삼아 등산을 즐기기도 하는 곳으로 현주소로는 단성면 하방리 산3-1번지 일대이다.

적성은 무너진 지 오래되어 그 이름도 잊힌 채 성산 또는 성산성이라 불렸다. 『신증동국여지승람』에도 "둘레가 1,768척이고 안에는 큰 우물이 있었다"고 하면서 고성(古城)으로만 기록되어 있다. 그러다 1978년, 이곳에서 신라시대에 세운 비가 발견되면서 비로소 이 무너진 고성이

단양 적성

적성이라는 사실을 알게 되었다.

가는 길은 힘들 것 없이 길 따라 서너 굽이를 돌아가면 군데군데 옥수수밭과 도라지밭이 나타나고 산비탈엔 엉겅퀴 같은 억센 풀들이 그야말로 야생화로 자라고 있다. 산성인지라 다른 야산과 달리 울창한 숲은 보이지 않고 키 큰 나무 몇 그루만이 비탈을 지키고 있을 뿐 사방으로 시야가 훤히 트여 있다. 돌계단을 따라 오르다보면 무더기 지어 흘러내린 크고 작은 돌덩이를 만나게 되는데 그것이 성벽 무너진 자취임은 설명 없이도 알 수 있다.

적성 북쪽 정상을 향해 올라가자면 포물선을 그리며 멋지게 돌아가는 낮은 성벽 너머로 소백산맥 준령이 겹겹이 펼쳐진다. 특히나 겨울철에 가면 하얗게 눈 덮인 산자락을 타고 내려오는 나목들의 행렬이 굵고 긴 선을 그리는 것이 산수화를 그릴 때 쓰는 준법을 여지없이 보여준다.

단양 신라 적성비

정상에 올라 성벽에 바짝 붙어 아래쪽을 내려다보면 눈앞에는 남한강이 유유히 흐르고 동쪽으로는 죽령천, 서쪽으로는 단양천이 남한강을 향해 흘러드는 것이 훤히 조망된다. 삼면이 강과 하천으로 자연 해자를 이루는 천연의 요새임을 한눈에 알 수 있다.

단양 적성비는 땅 위로 머리를 내민 윗부분이 누군가가 정으로 찍은 듯 떨어져나갔고 몸체가 두 동강 나 있다. 비의 형태는 역사다리꼴로 위가 넓고 아래가 좁은 둥그스름한 화강암 자연석을 다듬은 것이었다. 비문은 자연석 한 면을 잘 다듬어 새겼다. 오랜 세월 땅에 묻혀 있어 비면이 깨끗하고 자획이 생생하여 삼국시대 어떤 비문보다도 명확히 글자를 드러내고 있다. 이 비의 건립 연대는 545년에서 551년 사이로, 창녕의 진흥왕 척경비, 북한산·마운령·황초령의 진흥왕 순수비와 마찬가지로 새로운 점령지의 민심을 무마하는 취지로 건립되었음을 알 수 있으며 현재까지 알려진 5개의 진흥왕 시대 비 중 가장 이른 시기의 것이다.

그런데 이 비의 이름을 '단양 신라 적성비'라고 하여 사람들이 '신라 시대에 적성을 쌓고 세운 산성수축비'로 오해하곤 하는데, 단양은 신라 점령 전 고구려 영토일 때부터 적성으로 불렸다. 그러니 '중원 고구려비'라고 하듯 '단양 적성 신라비'라고 해야 맞는다.

* 적성에 대한 이야기는 『나의 문화유산답사기』 8권에서 더 자세히 만날 수 있습니다.

주소

충청북도 단양군 단성면 하방리 산 3-1

문화유산

단양 신라 적성비(국보 제198호)

함께 가면 좋은 여행지

수양개 선사유적지, 수몰이주기념관, 단양향교

참고 누리집

단양군청 문화관광 www.danyang.go.kr/tour

① ② ③ ④
⑤ ⑥ ⑦ ⑧
⑨ ⑩ ⑪ ⑫

○ 1주 ○ 2주
○ 3주 ○ 4주
○ 5주

일

월

화

수
목
금
토

1 2 3 4
5 6 7 8
9 10 11 12

○ 1주 ○ 2주
○ 3주 ○ 4주
○ 5주

일

월

화

수

목

금

토

1 2 3 4

5 6 7 8

9 10 11 12

○ 1주 ○ 2주

○ 3주 ○ 4주

○ 5주

일

월

화

수
목
금
토

1 2 3 4
5 6 7 8
9 10 11 12

○ 1주 ○ 2주
○ 3주 ○ 4주
○ 5주

일

월

화

수
목
금
토

① ② ③ ④
⑤ ⑥ ⑦ ⑧
⑨ ⑩ ⑪ ⑫

○ 1주 ○ 2주
○ 3주 ○ 4주
○ 5주

일

월

화

수

목

금

토

여행지 이름 :

여행을 떠난 목적 / 목적을 이루었습니까?

여행하며 거쳐간 곳

새롭게 알게 된 사실

오늘의 수확

예상하지 못한 만남

동행했던 사람들

어쩌면 아쉬운 점

나의 문화유산답사기 365일

초판 1쇄 발행 / 2021년 10월 29일

지은이 / 유홍준
펴낸이 / 강일우
책임편집 / 박주용
조판 / 황숙화
펴낸곳 / (주)창비
등록 / 1986년 8월 5일 제85호
주소 / 10881 경기도 파주시 회동길 184
전화 / 031-955-3333
팩시밀리 / 영업 031-955-3399 편집 031-955-3400
홈페이지 / www.changbi.com
전자우편 / human@changbi.com

ISBN 978-89-364-7888-9 13980